desconstruindo o projeto estrutural de edifícios

José Sérgio dos Santos

concreto armado e protendido

Copyright © 2017 Oficina de Textos
1ª reimpressão 2018 | 2ª reimpressão 2019 | 3ª reimpressão 2020
4ª reimpressão 2023

Grafia atualizada conforme o Acordo Ortográfico da Língua Portuguesa de 1990, em vigor no Brasil desde 2009.

CONSELHO EDITORIAL Arthur Pinto Chaves; Cylon Gonçalves da Silva; Doris C. C. K. Kowaltowski; José Galizia Tundisi; Luis Enrique Sánchez; Paulo Helene; Rozely Ferreira dos Santos; Teresa Gallotti Florenzano

CAPA Malu Vallim
PROJETO GRÁFICO, PREPARAÇÃO DE FIGURAS E DIAGRAMAÇÃO Alexandre Babadobulos
PREPARAÇÃO DE TEXTO Hélio Hideki Iraha
REVISÃO DE TEXTO Paula Marcele Sousa Martins
IMPRESSÃO E ACABAMENTO Mundial gráfica

Dados Internacionais de Catalogação na Publicação (CIP)
(Câmara Brasileira do Livro, SP, Brasil)

Santos, José Sérgio dos
  Desconstruindo o projeto estrutural de edifícios: concreto armado e protendido / José Sérgio dos Santos. -- São Paulo : Oficina de Textos, 2017.

  Bibliografia
  ISBN: 978-85-7975-261-2

  1. Edifícios 2. Engenharia - Projetos 3. Engenharia civil 4. Estruturas de concreto armado 5. Estruturas de concreto protendido 6. Engenharia de estruturas I. Título.

16-00001   CDD-624.1834

Índices para catálogo sistemático:
1. Projeto estrutural de edifícios : Engenharia civil 624.1834

Todos os direitos reservados à OFICINA DE TEXTOS
Rua Cubatão, 798
CEP 04013-003 São Paulo SP
tel. (11) 3085 7933
www.ofitexto.com.br
atendimento@ofitexto.com.br

DEDICATÓRIA

Dedico este livro aos meus filhos, Davi Lima dos Santos e Levi Lima dos Santos

AGRADECIMENTOS

Gostaria de expressar meus agradecimentos à E3 Engenharia Estrutural, nas pessoas de Adízio Lima, Augusto Albuquerque, Roberto Barreira, Pedro Alencar, Marcela Moreira da Rocha e Enson Portela, pela amizade de muitos anos e por terem cedido alguns detalhes estruturais que constam neste livro.

Agradeço também aos colegas do Instituto Federal do Ceará, Mariano da Franca, Marcos Porto e Jardel Leite, que leram o manuscrito e deram importantes contribuições para sua forma final.

APRESENTAÇÃO

As charges criadas por Sérgio dos Santos são famosas e apreciadas no Brasil inteiro. Seus traços revelam o seu enorme talento em associar uma criatividade ímpar com um conhecimento técnico afinado sobre o cálculo de estruturas de concreto.

Agora, ele nos mostra que consegue aliar mais outro dom ao seu rol de habilidades, o de escrever.

Desconstruindo o projeto estrutural de edifícios é um livro com conteúdo rico e abrangente sobre um tema comum para um engenheiro civil, o cálculo estrutural, porém abordado sob uma ótica inovadora.

Deduções e formulações matemáticas dão lugar a observações práticas e relevantes para a correta interpretação dos desenhos técnicos que fazem parte de um projeto estrutural.

Com capítulos objetivos e didáticos, repletos de ilustrações – e, claro, as charges não poderiam ficar de fora –, a leitura deste livro flui naturalmente e de forma muito agradável por cada um dos tópicos abordados, desde a locação dos pilares na fundação até o detalhamento dos elementos que compõem uma estrutura, inclusive com a protensão.

Um requisito fundamental para o êxito na execução de uma construção precisa e segura. Um elo perfeito entre quem projeta e quem executa uma estrutura de concreto armado e protendido. Esses, a meu ver, são os pontos-chave que caracterizam esta obra.

Parabéns, Sérgio dos Santos, pelo seu brilhante trabalho! Desejo que continue sempre nos brindando com suas charges. Mas torço, principalmente, para que esse seja apenas o precursor de seus livros.

Alio E. Kimura
Sócio-diretor da TQS Informática Ltda.

PREFÁCIO

LIVROS DE INDISCUTÍVEL qualidade têm sido escritos no Brasil para tratar do tema da Engenharia Estrutural voltada para estruturas de concreto armado e protendido. Essas obras têm desempenhado um grande papel ao transmitir para as novas gerações de engenheiros o domínio de uma tecnologia fundamental para o desenvolvimento da nação.

Por que então outro livro sobre o tema se o mercado de livros técnicos já está relativamente bem suprido? A resposta vem da necessidade de se debruçar sobre um tema pouco explorado na literatura disponível: a leitura de projetos estruturais.

Uma imagem vale mais que mil palavras, diz o ditado. Contudo, embora um projeto estrutural contenha centenas de imagens, não raro erros grosseiros são executados em obras de pequeno e de grande porte pelo simples fato de que a informação contida nas plantas, nos cortes e nos detalhes não é perfeitamente assimilada pelos profissionais responsáveis pela execução da estrutura. E, mais grave, muitas vezes esses profissionais executam o projeto sem saber o porquê de aquilo estar sendo feito daquela maneira.

Desconstruindo o projeto estrutural de edifícios tem por objetivo ajudar os profissionais envolvidos na execução dessas estruturas a fazer uma leitura correta dos projetos que têm em mãos, de modo que essa execução possa ser feita com o mínimo de falhas possível. Este não é um livro de teorias sobre Engenharia Estrutural com deduções de equações empregadas nos dimensionamentos dos elementos; ao contrário, é um livro extremamente prático, ricamente ilustrado, que se propõe explicar como fazer a correta leitura de um projeto de concreto armado ou protendido.

A sequência dos capítulos segue a sequência de execução da obra, iniciando pela locação dos pilares e passando pelo detalhamento de fundações, pilares, cintamento, escada, forma, armadura de lajes, armadura de vigas e protensão. Meu desejo sincero é que a leitura deste livro o ajude a se tornar um melhor profissional e que isso agregue valor à sua carreira.

Momento da charge

SUMÁRIO

1 Considerações iniciais sobre o projeto estrutural   13
  1.1 Materiais 14
  1.2 Sistemas estruturais 15
  1.3 Carregamentos 16
  1.4 Cálculo 18
  1.5 Apresentação do projeto estrutural 18

2 Locação de pilares   27
  2.1 Ponto inicial de locação 28
  2.2 Dimensões dos elementos estruturais 30
  2.3 Tabela de baricentros 31
  2.4 Corte esquemático 31
  2.5 Resumo de estacas 32
  2.6 Notas 33

3 Detalhamento das fundações   35
  3.1 Fundações diretas (ou rasas) 37
  3.2 Fundações indiretas (ou profundas) 39

4 Cintamento   49
  4.1 Travando blocos de coroamento de estacas 50
  4.2 Delimitando poços dos elevadores 50
  4.3 Saída da escada 50

5 Escada — 53
- **5.1** Forma da escada 54
- **5.2** Corte da escada 54
- **5.3** Armadura da escada 56

6 Pilares — 61
- **6.1** Saída de pilares 62
- **6.2** Detalhamento de um lance de pilar 64
- **6.3** Dobras e ligação entre lances 65
- **6.4** Outros formatos 66

7 Forma — 69
- **7.1** Simbologia 70
- **7.2** Lajes 71
- **7.3** Elementos curvos 76

8 Armadura de laje — 79
- **8.1** Representação gráfica 80
- **8.2** Armadura de lajes maciças 81
- **8.3** Armadura de lajes nervuradas 84

9 Armadura de viga — 89
- **9.1** Armadura longitudinal 90
- **9.2** Armadura transversal 94
- **9.3** Representação gráfica em projeto 95

10 Protensão — 97
- **10.1** Cordoalha engraxada 98
- **10.2** Detalhes de projeto 98
- **10.3** Traçado dos cabos 101

10.4 Protensão de lajes 102
10.5 Quantitativos de protensão 111

11 Caixa-d'água   113
  11.1 Laje de fundo 114
  11.2 Laje de tampa 115
  11.3 Armadura de ligação entre as paredes 116
  11.4 Armadura das paredes 118

12 Quantitativos e índices   121
  12.1 Quantitativos 122
  12.2 Índices relativos 125

Referências bibliográficas   127

CONSIDERAÇÕES INICIAIS SOBRE O PROJETO ESTRUTURAL

Usualmente a primeira prancha de um projeto estrutural é a *locação dos pilares*. Isso acontece porque a lógica por detrás da numeração das pranchas é que sigam a ordem em que os elementos serão construídos. Na sequência, portanto, encontram-se as pranchas com os detalhes de fundações, armadura de pilares, escada, formas, armaduras de lajes e vigas de cada um dos pavimentos, culminando com a casa de máquinas e a caixa-d'água.

Como foi dito, a locação dos pilares geralmente é a primeira prancha do projeto a ser apresentada, mas não é por ela que o projeto se inicia. Aliás, pode-se dizer que, a rigor, o projeto começa bem antes da fase de apresentação gráfica. Envolve a escolha dos materiais, a concepção do sistema estrutural, a determinação das cargas que atuarão na estrutura, a análise dos esforços, passando pelo dimensionamento e detalhamento de todos os elementos.

1.1 Materiais

Pode-se dizer que o projeto estrutural se inicia pela escolha dos materiais de que a estrutura será feita. Será uma estrutura de aço, madeira, alumínio, concreto? No caso específico das estruturas de concreto, que é o objeto de estudo deste livro, é preciso que se definam as classes de resistência e os tipos de aço que serão utilizados na sua execução. Caso se empreguem apenas aços do tipo CA, diz-se que a estrutura é de concreto armado. O uso de aços do tipo CA e CP numa mesma estrutura implica dizer que ela é feita de concreto protendido.

Como é realizada essa escolha da classe de resistência que o concreto deverá ter? O engenheiro estrutural geralmente consulta seu cliente sobre os valores usuais empregados em suas obras. No caso dos novos construtores, pode-se sugerir valores habituais adotados em certa região. Hoje em dia dificilmente se encontra uma estrutura com valores de f_{ck} (resistência característica do concreto à compressão) inferiores a 30 MPa, valor bem superior aos praticados nas décadas de 1970, 1980 e 1990, quando se especificava f_{ck} entre 15 MPa e 20 MPa mesmo para edifícios altos.

Pode-se dizer o mesmo a respeito do aço. Algumas construtoras preferem trabalhar com estruturas de concreto armado, pois muitas vezes essa já é a sua prática há décadas e não desejam mudar. Já outras não se importam de utilizar novos materiais, como o concreto protendido com cordoalha não aderente.

1.2 SISTEMAS ESTRUTURAIS

Um sistema é um conjunto de elementos interconectados de modo a formar um todo organizado. Todo sistema possui um objetivo geral a ser atingido. No caso dos sistemas estruturais, o objetivo é suportar os carregamentos que incidem sobre a estrutura e conduzi-los de forma segura para o solo.

Para cada concepção arquitetônica existem várias possibilidades de sistemas estruturais. O fato de se optar por certas soluções para os pavimentos implica arranjos estruturais bastante diversos.

Uma solução concebida para ser executada em concreto protendido tenderá a ser bem diferente de uma solução para concreto armado. Comumente essas estruturas possuem vãos maiores e consequentemente menos pilares quando comparadas às estruturas projetadas para concreto armado. No pavimento, pode-se optar por solução com lajes maciças, nervuradas, lajes planas diretamente apoiadas em pilares e lajes pré-fabricadas com ou sem o uso de protensão.

Pode-se dizer que é nessa fase que os grandes profissionais se sobressaem. É a fase da concepção, em que a criatividade e o conhecimento sobre o comportamento dos materiais vão resultar em uma estrutura mais adequada às restrições impostas pela arquitetura, pelos métodos construtivos e pelos custos envolvidos para executá-la. Um mesmo projeto arquitetônico entregue a dez engenheiros diferentes resultará em dez soluções diferentes. Haverá a solução que gastará menos materiais, a de mais fácil execução e a que conduzirá à obra mais barata.

1.3 Carregamentos

A determinação dos carregamentos que incidem sobre a estrutura é uma das fases mais importantes do desenvolvimento do projeto estrutural naquilo que diz respeito à segurança. É preciso que se estimem essas cargas com certa precisão para que o dimensionamento dos elementos possa ser feito de modo a evitar o desperdício ou, o que é pior, a perda da estabilidade, que poderia resultar num inteiro colapso.

Quanto à ocorrência dessas cargas, as normas brasileiras as classificam em permanentes, variáveis (ou acidentais) e excepcionais.

Entendem-se como cargas permanentes aquelas que atuam com valores praticamente constantes durante toda a vida útil da estrutura. Tome-se como exemplo o peso próprio que passa a atuar no momento da desforma e vai até o momento do colapso do elemento. Outros exemplos de cargas permanentes são pisos, revestimentos, paredes e protensão.

As cargas acidentais, por outro lado, são aquelas cuja atuação varia com o tempo. A grande maioria são as cargas de utilização, como o peso de pessoas e objetos. Imagine-se uma laje que suporta uma sala de aula. No momento da aula, a laje está carregada com o professor e sua turma de alunos, mas no intervalo ou durante a madrugada o peso daquelas pessoas não mais estará presente.

A NBR 6120 (ABNT, 1980) prescreve os valores de cargas acidentais que devem ser usados para cada tipo de utilização. Os valores mais usuais podem ser visualizados na Tab. 1.1.

Já as cargas excepcionais são as que têm duração extremamente curta e muito baixa probabilidade de ocorrência durante a vida da construção, mas que devem ser consideradas nos projetos de determinadas estruturas. De acordo com a NBR 8681 (ABNT, 2003), consideram-se como excepcionais as cargas decorrentes de causas tais como explosões, choques de veículos, incêndios, enchentes ou sismos excepcionais.

Tab. 1.1 VALORES DE CARGA ACIDENTAL

Utilização	Carga acidental (kN/m^2)	(kgf/m^2)
Forro sem acesso a pessoas	0,50	50
Residência	1,50	150
Escritório	2,00	200
Sala de aula	3,00	300
Estacionamento	3,00	300
Loja	4,00	400
Sala de ginástica	5,00	500

Fonte: NBR 6120 (ABNT, 1980).

Outra carga acidental de grande importância é o vento. Especialmente em galpões e edifícios altos, sua influência sobre a estrutura é bastante significativa. Numa dada localidade, a força do vento numa edificação é fortemente influenciada pela topografia do terreno, pelas características das construções vizinhas e por sua aerodinâmica.

No Brasil, a NBR 6123 (ABNT, 1988) fixa as condições exigíveis na consideração das forças devidas à ação estática e dinâmica do vento, para efeitos de cálculo de edificações. Uma ressalva é que essa norma não se aplica a edificações de formas, dimensões ou localização fora do comum, casos em que estudos especiais devem ser feitos para determinar as forças atuantes do vento e seus efeitos.

1.4 Cálculo

Hoje em dia, o cálculo dos esforços a que os elementos estarão submetidos, bem como o dimensionamento de suas seções e o detalhamento de sua armadura, é realizado por meio de sistemas computacionais extremamente sofisticados. No Brasil, esses sistemas precisam trazer na sua programação os métodos de cálculo preconizados pela NBR 6118 (ABNT, 2014).

São sistemas que simulam o comportamento do edifício em modelos 3D e por isso conseguem prever se as oscilações da estrutura causarão desconforto aos ocupantes. Por serem bastante complexos, esses sistemas exigem um alto grau de perícia na sua utilização.

1.5 Apresentação do projeto estrutural

Do ponto de vista da apresentação gráfica, o projeto estrutural tem basicamente dois tipos de desenhos: forma e armadura.

Como o nome diz, os desenhos de forma (fôrma) determinam a forma (fórma) da estrutura. Nessa planta, portanto, está definida toda a geometria da edificação, o que inclui a indicação dos elementos estruturais acompanhados de suas respectivas dimensões. Assim como a planta baixa utilizada nos projetos arquitetônicos, o desenho de forma é obtido a partir de um corte horizontal feito à altura de 1,50 m em relação a um plano de referência. A diferença é que na planta baixa representa-se o que está abaixo do plano e na forma representa-se o que está acima.

Os desenhos de armadura detalham a forma das barras e cabos e especificam suas quantidades e diâmetros, bem como seu posicionamento dentro dos elementos estruturais.

Os aços mais utilizados em estruturas de concreto armado são os do tipo *CA50* e *CA60*. As barras de CA50 são fabricadas pelo processo de laminação a quente, com saliências longitudinais e nervuras transversais. Na sua nomenclatura, o *CA* significa aço para concreto armado e o *50* refere-se à sua tensão de escoamento, que é de 50 kgf/mm² ou 5.000 kgf/cm². Esses aços são geralmente comercializados em barras de 12 m. Tamanhos maiores precisam ser encomendados diretamente dos fabricantes.

Os aços do tipo CA60, por terem diâmetros inferiores a 10 mm e serem obtidos pelo processo de trefilação de máquina, são classificados como fios pela NBR 7480 (ABNT, 2007). São fornecidos em rolos com peso aproximado de 170 kg. De modo similar ao CA50, são aços para concreto armado cuja tensão de escoamento é de 60 kgf/mm².

Na Tab. 1.2 podem-se observar os diâmetros mais usuais encontrados nos projetos estruturais, acompanhados de suas respectivas áreas e pesos. O Boxe 1.1 demonstra como se pode obter o peso linear para qualquer bitola de aço.

Tab. 1.2 DIÂMETROS USUAIS DE AÇOS DO TIPO CA

Tipo de aço	ϕ (mm)	Área (cm²)	Peso (kg/m)
CA60	5,0	0,20	0,16
	6,0	0,28	0,22
CA50	8,0	0,50	0,40
	10,0	0,80	0,63
	12,5	1,25	1,00
	16,0	2,00	1,60
	20,0	3,15	2,50
	25,0	4,91	3,85

Em cada prancha de armadura encontram-se a tabela e o resumo de armadura. O objetivo da *tabela de armadura* é orientar o corte das barras, pois, conforme pode ser visto na Tab. 1.3, ela especifica o elemento estrutural com suas repetições e a bitola da barra com suas quantidades e seu comprimento unitário.

Tab. 1.3 Tabela de armadura

Elemento	Posição	Bitola (mm)	Quantidade	Comprimento unitário (cm)
B0260 (X8)	1	12,5	80	290
	2	25	96	400
	3	12,5	64	396
	4	10	160	355
B0260A (X2)	1	20	12	453
	2	20	12	563
	3	12,5	16	559
	4	10	66	355
B0360 (X4)	1	20	52	425
	2	20	60	405
	3	12,5	40	292
	4	12,5	40	272
	5	12,5	44	290
	6	12,5	48	270
B0460 (X16)	1	25	480	460
	2	12,5	384	292
	3	12,5	384	290
B0760 (X2)	1	25	50	615
	2	25	44	655
	3	12,5	80	400
	4	12,5	36	440
	5	12,5	32	402
	6	12,5	32	442
	7	8	16	342
	8	8	14	382
	9	8	112	200

Por exemplo, para preparar a armadura de oito elementos B0260, o armador de ferragens cortará:

- 80 barras de ϕ12,5 mm com 290 cm de comprimento;
- 96 barras de ϕ25 mm com 400 cm de comprimento;
- 64 barras de ϕ12,5 mm com 396 cm de comprimento;
- 160 barras de ϕ10 mm com 355 cm de comprimento.

Notar que a coluna *Posição* identifica a barra. Por exemplo, no desenho de armadura, a barra identificada como *N1* aparecerá na tabela de armadura na Posição 1, *N2* na Posição 2 e assim por diante.

O *resumo de armaduras* tem por objetivo indicar a quantidade de aço necessária para executar os elementos constantes na prancha. É um item importante, pois, como o aço é comprado pelo peso, essa tabela facilita o processo. Um exemplo de resumo pode ser visto na Tab. 1.4. Para executar os elementos detalhados na prancha são necessários 133 kg de ϕ8,0 mm, 505 kg de ϕ10,0 mm etc. Ao todo serão precisos quase 19 t de aço para a execução dos elementos.

Tab. 1.4 Resumo de armaduras

Resumo aço CA50-60			
Aço	Bitola (mm)	Comprimento (m)	Peso (kg)
50A	8	332	133
50A	10	802	505
50A	12,5	4.041	4.041
50A	20	586	1.465
50A	25	3.188	12.751
Peso total 50A = 18.895 kg			

Um aspecto importante dos desenhos de armadura é que não se desenha cada uma das barras que serão colocadas dentro das peças estruturais, como está demonstrado na Fig. 1.1A. O desenho ficaria confuso e muito carregado. Em vez disso, desenha-se um ferro representativo e nele se põe uma codificação, conforme pode ser visto na Fig. 1.1B.

22 Desconstruindo o projeto estrutural de edifícios

> O termo *ferro* ou *ferragem* é largamente utilizado nas construções, apesar do fato de o material constituinte dos fios e vergalhões ser o aço.

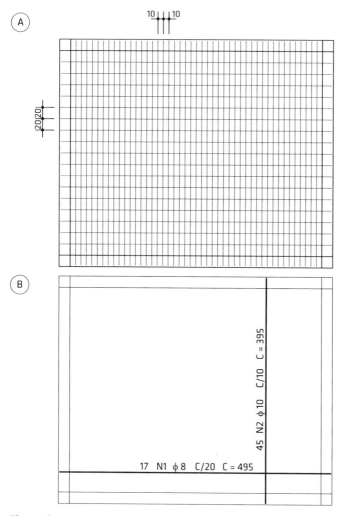

Fig. 1.1 *Representação de armadura de lajes: (A) com todas as barras desenhadas; (B) com a codificação adotada nos projetos estruturais*

Existem duas maneiras de codificar as armaduras. A primeira, utilizada em armaduras distribuídas, está demonstrada na Fig. 1.2.

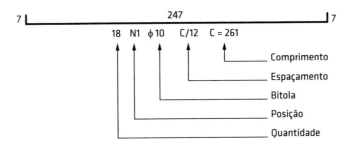

Fig. 1.2 *Representação de armadura distribuída*

A leitura que se faz do ferro N1 é: 18 barras de ϕ10,0 mm espaçadas a cada 12 cm e com comprimento de 261 cm. O ferro terá ainda duas dobras de 7 cm. Esse tipo de representação é utilizada em armadura de sapatas, blocos de coroamento de estacas e lajes.

Para armadura não distribuída, a representação é feita conforme a Fig. 1.3. No exemplo mostrado nessa figura, a leitura do ferro N3 é feita do seguinte modo: duas barras de 12,5 mm com comprimento de 580 cm; dobra esquerda, 40 cm, e dobra direita, 40 cm. Essa representação é comumente encontrada em armadura de vigas e pilares.

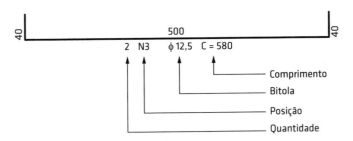

Fig. 1.3 *Representação de armadura*

Boxe 1.1 CÁLCULO DO PESO LINEAR DE UMA BARRA DE AÇO

Para calcular o quanto determinada barra de aço pesa por metro de comprimento, é preciso saber seu peso específico e seu diâmetro. O peso específico de um material é definido como:

$$\gamma = \frac{P}{\forall} \qquad (1.1)$$

em que P é o peso do material (kgf) e $\forall$ é o volume (m³).
O peso então é calculado conforme a equação:

$$P = \gamma \cdot \forall \qquad (1.2)$$

A barra tem formato cilíndrico (Fig. 1.4), então seu volume pode ser expresso pelo produto da área do círculo pelo comprimento. Como os diâmetros são expressos em milímetros, é preciso convertê-los em metros para que o volume seja calculado em metros cúbicos. Isso é feito dividindo-os por 1.000. A equação do volume fica como mostrado a seguir:

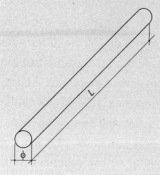

Fig. 1.4 *Barra com formato cilíndrico*

$$\forall = \frac{\pi \left(\frac{\phi}{1.000}\right)^2}{4} L \qquad (1.3)$$

Ao fazer $L = 1$ m, tem-se o volume da barra para 1 m de comprimento. Simplificando a Eq. 1.3, chega-se a:

$$\forall = \frac{\pi \cdot \phi^2}{4.000.000} \qquad (1.4)$$

Para o aço, $\gamma = 7.850$ kgf/m³. Ao substituir γ e $\forall$ na Eq. 1.2, tem-se:

$$P = \frac{7.850\pi}{4.000.000} \phi^2 \qquad (1.5)$$

Simplificando a Eq. 1.5, obtém-se a expressão para o cálculo do peso linear das barras de aço:

$$P = 0{,}006165\phi^2 \tag{1.6}$$

Exemplo:
Calcular o peso linear de uma barra de 12,5 mm de diâmetro.
Resposta: $P = 0{,}006165(12{,}5)^2 = 0{,}9633\,kg/m \cong 1\,kg/m$

MOMENTO DA CHARGE

Mesmo tendo disponível a NBR 6120 (ABNT, 1980), pode-se dizer que prever as cargas que atuarão na estrutura ao longo de toda sua vida útil pode ser um exercício de futurologia. Por exemplo, em Fortaleza (CE) há vários casarões construídos entre as décadas de 1940 e 1970 que posteriormente foram transformados em escolas de idiomas ou receberam órgãos governamentais. Via de regra, essas edificações são amplas, com quartos grandes com áreas que podem chegar a 20 m² ou mais. Para quartos, a NBR 6120 (ABNT, 1980) preconiza cargas acidentais de 150 kgf/m². Hoje esses espaços projetados para abrigar um casal funcionam como salas de aula cuja carga é de 300 kgf/m². Ou seja, o dobro do projetado! Também não é incomum que, após algum tempo, se deseje utilizar as lajes de coberta dos edifícios para outras atividades, tais como terraços para uso comum ou mesmo como espaços para a instalação de condensadores de aparelhos de ar condicionado, placas solares acopladas a sistemas de aquecimento de água, ou mesmo antenas de celular, com todo seu conjunto de aparelhos usado para processar os sinais. Por isso, esta charge é pertinente e o Dr. Chico tenta prever o que acontecerá daqui a alguns anos com a edificação que ele está projetando.

LOCAÇÃO DE PILARES

É COM A PLANTA de locação que se dá início à execução da estrutura, uma vez que é com ela que se posicionam no terreno todos os pilares e elementos de fundação.

Um dos elementos mais importantes dessa prancha é o *ponto inicial de locação*, pois é a partir dele que serão locados os baricentros dos pilares da edificação. Qualquer erro na demarcação desse ponto provocará uma translação de toda a edificação em relação ao seu posicionamento dentro do terreno. Por conta disso, é preciso que ele esteja cotado em duas direções ortogonais em relação a pelo menos um dos vértices do terreno.

> *Baricentro ou centroide de um corpo é o ponto onde pode ser considerada a aplicação da força de gravidade. Palavra de origem grega que designa o centro dos pesos.*

2.1 Ponto inicial de locação

O *ponto inicial de locação* é geralmente posicionado no baricentro de um pilar retangular, e a partir dele é definido um sistema de coordenadas cartesianas (X, Y) que servirá de referência à locação dos demais pilares. A Fig. 2.1 mostra como o ponto inicial de locação pode ser encontrado num projeto, sendo um detalhe dessa figura exibido na Fig. 2.2. A vantagem desse sistema, que utiliza cotas acumuladas em vez de cotas parciais, é que se consegue marcar os baricentros dos pilares sempre a partir do mesmo ponto, o que evita o acúmulo de erros a cada medição.

Percebe-se pela Fig. 2.1 que a cotagem é sempre feita nos baricentros dos pilares. Isso também facilita a locação dos elementos de fundação, conforme será visto no capítulo seguinte.

2 Locação de pilares 29

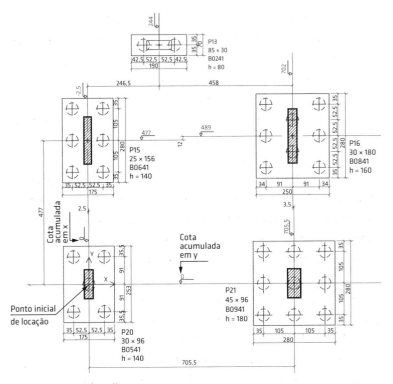

Fig. 2.1 Locação dos pilares

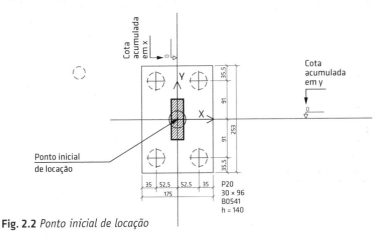

Fig. 2.2 Ponto inicial de locação

2.2 Dimensões dos elementos estruturais

Ao lado de cada título de pilar encontram-se as dimensões que ele possui naquele lance. Na prancha de locação, essas dimensões são comumente chamadas de saída de pilares. No caso de pilares cuja fundação é um bloco de coroamento de estacas, também as informações sobre as dimensões do bloco são descritas logo abaixo do texto do pilar. Isso pode ser facilmente identificado nas Figs. 2.1 e 2.2.

Por exemplo, na Fig. 2.1 identifica-se que o pilar P16 é um pilar de seção transversal retangular de 30 cm por 180 cm cuja fundação é um bloco de coroamento de estacas que possui 250 cm de largura, 280 cm de comprimento e 160 cm de altura.

No caso de pilares de seção não retangular, como pilares em C, L ou U, é preciso que se cotem todas as suas dimensões, o que inclui comprimentos e espessuras. Também se deve marcar o seu centro de gravidade, pois, assim como os pilares retangulares, sua fundação é centrada a partir do baricentro, e não pelo retângulo que os envolve, conforme mostrado na Fig. 2.3. Notar que a fundação desse pilar, que em planta tem 440 cm × 440 cm, está centralizada pelo centro de gravidade, e, portanto, percebe-se que ele fica mais deslocado para a direita.

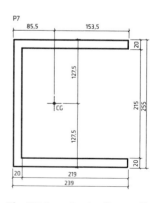 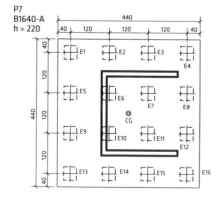

Fig. 2.3 *Locação de pilar em C*

2.3 Tabela de baricentros

A *tabela de baricentros* é um modo de apresentar as cotas acumuladas de forma tabulada. Por exemplo, ver o pilar P16 mostrado nas Figs. 2.1 e 2.4. Sua abscissa é 702 cm e sua ordenada é 489 cm. Isso significa dizer que esse pilar dista, do ponto inicial de locação, 702 cm ao longo do eixo X e 489 cm ao longo do eixo Y. Na obra, essa informação pode ser confirmada consultando-se essa tabela.

2.4 Corte esquemático

O *corte esquemático* mostra a quantidade de pavimentos com seus respectivos pés--direitos. Também indica os níveis de assentamento de sapatas ou cotas de topos de blocos de coroamento de estacas. Um exemplo de corte esquemático pode ser visto na Fig. 2.5.

Notar nesse desenho que os blocos de coroamento de estacas dos pilares P11 e P17 encontram-se rebaixados 110 cm em relação aos demais. Isso geralmente acontece para que não interfiram na execução dos poços dos elevadores. Esse desenho também ajuda a identificar pavimentos com pé-direito duplo.

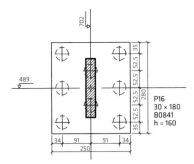

Baricentros de pilares			
Pilar	X (cm)	Pilar	Y (cm)
P15	-2,5	P24	-18,0
P20	0,0	P22	0,0
P13	244,0	P20	0,0
P1	621,5	P23	0,0
P10	632,5	P21	0,0
P4	639,5	P19	477,0
P16	702,0	P15	477,0
P21	705,5	P18	489,0
P2	1.116,5	P16	489,0
P5	1.128,5	P17	554,5
P22	1.261,0	P14	792,0
P11	1.368,5	P13	792,0
P17	1.368,5	P12	959,5
P3	1.431,5	P11	962,0
P8	1.601,5	P10	964,5
P6	1.640,0	P9	1.162,5
P23	1.816,5	P8	1.172,5
P18	1.820,0	P4	1.509,5
P12	1.886,0	P5	1.513,0
P7	2.054,5	P7	1.601,5
P9	2.054,5	P6	1.621,5
P14	2.278,0	P3	1.971,0
P24	2.527,0	P1	2.220,0
P19	2.532,0	P2	2.225,0

Fig. 2.4 *Tabela de baricentros*

32 Desconstruindo o projeto estrutural de edifícios

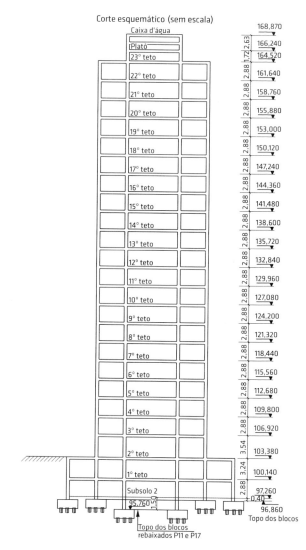

Fig. 2.5 *Corte esquemático*

2.5 Resumo de estacas

Em se tratando de fundações profundas, apresenta-se um quadro-resumo com as quantidades de estacas, o diâmetro e a carga de trabalho utilizada no dimensionamento (Fig. 2.6).

2.6 Notas

As *notas* são importantes informações textuais que precisam ser lidas por quem for executar a estrutura.

Quantidade	Seção	Carga
142	⊕ ϕ 410	N = 110 tf

Fig. 2.6 *Resumo de estacas*

Para o caso de fundação direta, apresentam o nível de assentamento das sapatas, bem como o valor da tensão admissível do solo utilizado no dimensionamento.

Para fundações profundas, entre outras coisas, informam que para a determinação do comprimento das estacas deve ser consultado um engenheiro geotécnico. Também indicam que o valor encontrado do comprimento deverá ser confirmado por meio de controle da nega e de ensaios de prova de carga de acordo com a NBR 6122 (ABNT, 2010).

MOMENTO DA CHARGE

Com toda esta violência por aí achei melhor mudar de ramo!

BAT ESTACA

A violência crescente fez o herói de Gotham City abandonar a vida de combate ao crime para abrir uma empresa de cravação de estacas – a BAT-Estaca Ltda. Algo bem mais seguro.

detalhamento

DETALHAMENTO DAS FUNDAÇÕES

Depois de feita a marcação dos baricentros dos pilares, inicia-se a execução propriamente dita da estrutura, e os primeiros elementos a serem executados são as fundações.

Para que o dimensionamento das fundações possa ser realizado, é preciso que se conheça a resistência do solo onde elas serão assentadas. Isso pode ser feito por meio de ensaios de investigação geotécnica, sendo o mais comum deles a sondagem à percussão SPT (*standard penetration test*) ou ensaio de penetração padrão.

Esse ensaio fornece informações sobre o material de que é constituída a formação onde será assentada a estrutura, indicando o índice de resistência à penetração (N_{SPT}) a cada metro de profundidade. Com base nesse relatório é possível estimar, para cada metro, o nível máximo de tensão que o solo é capaz de suportar. Isso é feito correlacionando-se o N_{SPT} com a tensão admissível dos solos. As seguintes equações empíricas encontradas na literatura podem ser utilizadas nesse procedimento (Moraes, 1976; Oliveira Filho, 1988):

$$\sigma_{adm} = \frac{N_{SPT}}{4} \qquad \text{(3.1)}$$

para areia, argila pura.

$$\sigma_{adm} = \frac{N_{SPT}}{5} \qquad \text{(3.2)}$$

para argila siltosa.

$$\sigma_{adm} = \frac{N_{SPT}}{7,5} \qquad \text{(3.3)}$$

para argila arenosa siltosa.

Caso o valor da tensão admissível seja compatível com as cargas dos pilares, é possível adotar a solução em fundação direta. A Tab. 3.1 mostra um indicativo do número ideal de pavimentos em função dessa taxa do terreno.

Tab. 3.1 TENSÃO ADMISSÍVEL × NÚMERO DE LAJES

Tensão admissível no solo		Número de lajes
(kgf/cm^2)	(MPa)	
0,50 a 1,0	0,05 a 0,10	1 a 2
1,0 a 1,5	0,10 a 0,15	4 a 5
2,0 a 3,0	0,20 a 0,30	10 a 15
4,0 a 5,0	0,40 a 0,50	15 a 20

Quando o valor de tensão admissível é incompatível com o carregamento da edificação, parte-se para a solução em fundação indireta.

3.1 Fundações diretas (ou rasas)

Na fundação direta, a estrutura transmite seu carregamento diretamente para a camada de solo que está em contato com a fundação. Isso é feito nas camadas mais superficiais do solo, daí essas estruturas também serem chamadas de fundações rasas (Fig. 3.1).

O princípio do dimensionamento das dimensões em planta desse tipo de fundação é não permitir que o valor da carga do pilar dividido pela área da sapata ultrapasse o valor-limite, denominado tensão admissível. Também efeitos de momentos precisam ser considerados para que o dimensionamento seja realizado corretamente.

As sapatas mais comuns encontradas nas obras são as chamadas *sapatas rígidas isoladas*. Nesse tipo de sapata, sua altura é pelo menos igual a dois terços do seu balanço. Em virtude de sua grande rigidez, os recalques são uniformes, embora as pressões no solo não o sejam.

Também é preciso que a altura da sapata seja suficiente para que a peça resista aos momentos fletores a que estará sujeita e às tensões de punção que aparecem no entorno do pilar. Como esses elementos estão sujeitos a grandes forças de tração na sua parte

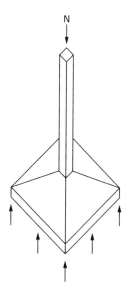

Fig. 3.1 *Forças atuantes em uma fundação direta*

inferior, não podem prescindir de armadura. Mais informações podem ser vistas no Boxe 3.1.

A representação de fundações diretas no projeto é bastante simples, conforme pode ser visto na Fig. 3.3. Por ser um desenho simples, é possível misturar no mesmo desenho as informações de forma e armadura.

No exemplo mostrado na figura, tem-se uma fundação para um pilar de 20 cm × 40 cm. A sapata possui 255 cm × 275 cm em planta e a altura total é de 80 cm.

Boxe 3.1 PRINCÍPIO DE DIMENSIONAMENTO EM FUNDAÇÕES DIRETAS

A tensão no solo terá de ser menor que a tensão admissível (σ_{adm}) e pode ser calculada pela seguinte equação:

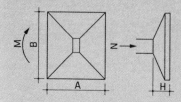

Fig. 3.2 *Verificação das tensões no solo*

$$\sigma_{solo} = \frac{N}{A \cdot B} + \frac{6M}{A \cdot B^2} \leq \sigma_{adm}$$

em que N é a carga do pilar, M é o momento fletor, A e B são as dimensões da sapata em planta e H é a altura da sapata (Fig. 3.2).

Em termos de armadura, há uma malha de ϕ10 mm a cada 10 cm nas duas direções. O cálculo do comprimento das armaduras foi feito deixando um cobrimento de 4 cm para cada um dos lados. Para o ferro N1, tem-se:

Dobras:	15 cm – 4 cm – 4 cm	= 7 cm
Comprimento reto:	255 cm – 4 cm – 4 cm	= 247 cm
Comprimento total:	7 cm + 247 cm + 7 cm	= 261 cm

Para calcular a quantidade de armaduras, divide-se o vão onde elas serão distribuídas pelo espaçamento entre cada uma delas. Para o N1, tem-se:

$$275 \text{ cm}/10 \text{ cm} = 27,5 = 28 \text{ unidades}$$

Cobrimento é a distância da extremidade da armadura à face externa do elemento estrutural. Serve para proteger a armadura contra a corrosão.

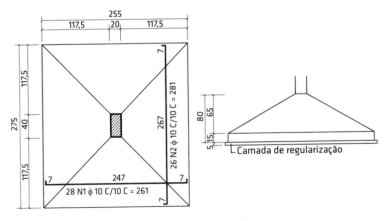

Fig. 3.3 *Detalhamento de sapata de concreto armado*

3.2 Fundações indiretas (ou profundas)

Quando as camadas superficiais do solo não tiverem resistência suficiente para receber as cargas provenientes da estrutura, deve-

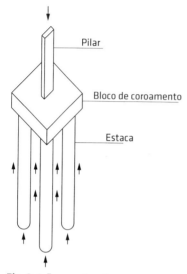

Fig. 3.4 *Forças atuantes em uma fundação indireta*

-se buscar nas camadas mais profundas a capacidade de suporte necessária para fazê-lo. Na prática, isso é realizado por meio de fundações profundas.

Conforme apresentado na Fig. 3.4, nesse tipo de fundação a carga proveniente do pilar é transmitida para um conjunto de estacas, que por sua vez a transmite para a formação. O elemento de ligação entre o pilar e o conjunto de estacas chama-se bloco de coroamento (Alonso, 2012).

3.2.1 Estacas

As estacas geralmente são de concreto armado ou metálicas. Quanto ao processo construtivo, podem ser moldadas *in loco* ou pré-fabricadas. Os tipos mais usuais são:
- hélice contínua monitorada;
- raiz;
- Franki;
- perfis laminados (metálicos);
- pré-moldadas de concreto.

Independentemente do material de que é constituída, a estaca recebe sua carga através do bloco de coroamento e a transmite para o solo através da ponta inferior, do atrito lateral ou de ambos. Para que haja estabilidade é preciso, portanto, que tanto a estaca quanto o solo que lhe dá suporte resistam a essa carga que lhes é aplicada. O princípio de dimensionamento é mostrado no Boxe 3.2.

> **Boxe 3.2** Princípio de dimensionamento em fundações indiretas
>
> A carga admissível da estaca (R_{adm}) é igual a (ver Fig. 3.5):
>
> $$R_{adm} = \frac{R_P + R_L}{CS}$$
>
> em que R_P é a resistência na ponta da estaca, R_L é a soma das resistências laterais e CS é o coeficiente de segurança. Na figura, N é a carga do pilar transmitida para o conjunto de estacas.
>
>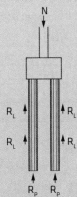
>
> **Fig. 3.5** *Equilíbrio em fundação indireta*

Diâmetros usuais e valores médios de capacidade de estacas podem ser encontrados na Tab. 3.2. Esses valores, utilizados em projetos na cidade de Fortaleza (CE), são apenas para referência e não podem ser usados indiscriminadamente. Esse cálculo da capacidade da estaca e do seu comprimento é feito pelo consultor geotécnico com base no relatório de sondagem do terreno em questão. Na Fig. 3.6 pode-se ver o detalhe de uma estaca tipo hélice contínua monitorada.

Tab. 3.2 Valores usuais de carga admissível nas estacas

	Estaca Franki			Estaca raiz	
ϕ (mm)	Carga usual		ϕ (mm)	Carga usual	
	(tf)	(kN)		(tf)	(kN)
520	130	1.300	350	95	950
600	170	1.700	410	115	1.150

Tab. 3.2 Valores usuais de carga admissível nas estacas (cont.)

| Estaca hélice contínua || | Estaca pré-moldada de concreto ||
| φ (mm) | Carga usual || L (mm) | Carga usual ||
	(tf)	(kN)		(tf)	(kN)
400	70	700	20 × 20	25	250
500	120	1.200	25 × 25	40	400
600	150	1.500	30 × 30	60	600
			35 × 35	80	800

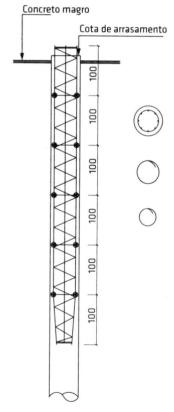

Fig. 3.6 *Estaca hélice contínua monitorada*

3.2.2 Bloco de coroamento

O bloco de coroamento de estacas é o elemento estrutural que tem a função de receber a carga do pilar e distribuí-la o mais equitativamente possível ao conjunto de estacas que repousa abaixo dele. Para que isso ocorra, é preciso que o bloco seja extremamente rígido, o que na prática se traduz pela grande altura que lhe é peculiar. Outra condição é que os centros de gravidade do pilar, do conjunto de estacas e do bloco de coroamento coincidam no mesmo ponto. Quando isso não acontece, excentricidades são geradas e as cargas que as estacas recebem ficam desbalanceadas.

A estimativa da quantidade de estacas que o bloco deverá

conter é feita dividindo-se a carga do pilar (N_{pilar}) pela capacidade de carga da estaca (R_{adm}):

$$N \geq \frac{N_{pilar}}{R_{adm}} \quad (3.4)$$

Para que a capacidade de suporte não fique comprometida, é preciso resguardar uma distância mínima (D) entre as estacas.
Para estacas circulares:

$$D = 2,5\phi \quad (3.5)$$

em que ϕ é o diâmetro da estaca.
Para estacas quadradas:

$$D = 3a \quad (3.6)$$

em que a é o lado da estaca.

Ressalta-se que a quantidade resultante da relação N_{pilar}/R_{adm} pode ser alterada ao se considerar a atuação de (1) momentos fletores e (2) efeito de grupo. A primeira situação é analisada pelo engenheiro calculista, e a segunda, pelo engenheiro geotécnico.

A distribuição regular de estacas nos blocos, portanto, é feita para que uma distância mínima entre as estacas seja resguardada. Nos blocos de quatro, seis e nove estacas essa distribuição é baseada em quadrados, ao passo que nos blocos de três, cinco, sete e oito estacas essa distribuição é baseada em triângulos equiláteros. A Fig. 3.7 mostra como fica essa distribuição.

Nos projetos estruturais, o detalhamento do bloco de coroamento é realizado por meio do desenho de forma e do de armaduras. O desenho de forma, mostrado na Fig. 3.8 para um bloco de quatro estacas, é composto de uma planta e uma vista lateral do bloco.

Na planta é desenhado o contorno do bloco e marcado o centro de gravidade e a posição das estacas. No bloco de coroamento mostrado na figura, as estacas têm diâmetro de 60 cm, e a distância mínima que as separa é igual a 2,5ϕ, ou seja, 150 cm. A vista lateral indica que o bloco possui 140 cm de altura. Notar que as estacas penetram 10 cm no bloco.

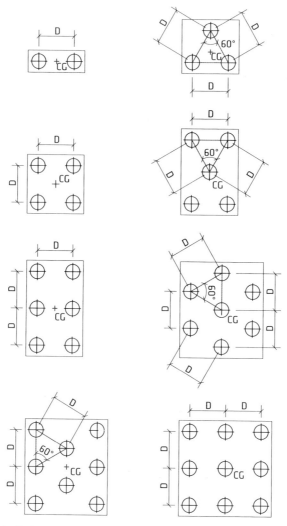

Fig. 3.7 *Distribuição de estacas no bloco de coroamento*

3 Detalhamento das fundações 45

O desenho de armadura do bloco mostrado na Fig. 3.8 pode ser visto na Fig. 3.9. Notar que nesse bloco há armadura em todas as faces, formando o que nas obras recebe o nome de gaiola.

A armadura principal, responsável por resistir aos grandes esforços de tração, fica na parte inferior e está representada no ferro N1. Para dirimir qualquer dúvida sobre seu posicionamento, há indicações em planta e também na vista lateral. Contudo, o detalhamento mais importante desse ferro é aquele em que ele é desenhado fora da peça. Nesse desenho, percebe-se com bastante clareza que se trata de 15 barras de ϕ25 mm com comprimento de 460 cm dispostas em cada direção. O termo *alternados* significa que, quando uma barra é posicionada com a dobra de 125 cm no lado esquerdo, a seguinte deverá ter essa dobra posicionada no lado direito e assim sucessivamente. Já o termo *positivo* reforça o fato de que as barras deverão ficar na parte inferior do bloco. Armaduras positivas são desenhadas com linhas contínuas.

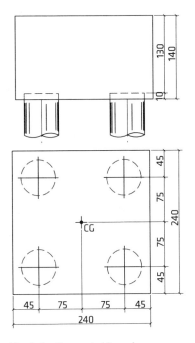

Fig. 3.8 *Forma de bloco de coroamento de quatro estacas de ϕ60 cm*

Os ferros N2 serão posicionados nas quatro faces laterais do bloco. Notar que as armaduras localizadas nessa posição são chamadas de *costelas*. A função desses ferros é combater a retração provocada pelo grande volume de concreto que esse tipo de peça possui.

46 Desconstruindo o projeto estrutural de edifícios

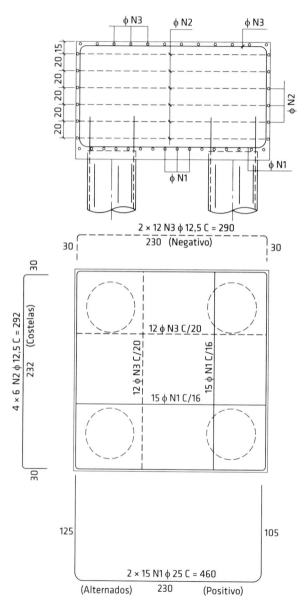

Fig. 3.9 *Armadura de bloco de coroamento de quatro estacas de ϕ60 cm*

Os ferros N3, desenhados com linha tracejada, são a armadura negativa do bloco e por isso devem ser posicionados na face superior. Embora não haja tensões de tração na face superior do bloco em questão, essa armadura é muito importante para combater os efeitos de retração provocados pelos cimentos usados atualmente na produção dos concretos.

MOMENTO DA CHARGE

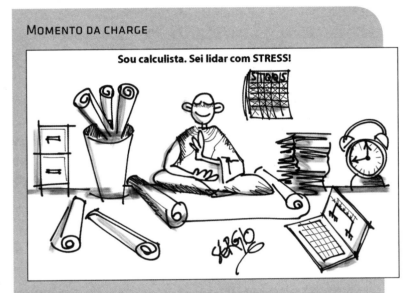

A profissão de engenheiro estrutural é considerada das mais estressantes. É muito trabalho e pouco prazo para cumprir todas as metas. Mas, mesmo com toda essa pressão, tudo precisa ser feito com cuidado e seriedade para que não haja erros no projeto. Assim, a atitude zen deste calculista não poderia ser melhor. Ele precisa, melhor do que ninguém, saber como lidar com *stress* (tensão) na vida e também nos elementos que projeta.

CINTAMENTO

O CINTAMENTO nos edifícios de múltiplos andares cumpre basicamente as seguintes funções:
- travar blocos de coroamento de estacas;
- travar pilares cujo comprimento de flambagem é muito grande;
- delimitar o poço do elevador e a saída da escada.

4.1 Travando blocos de coroamento de estacas

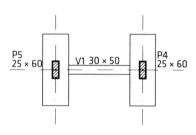

Fig. 4.1 *Viga V1 travando os blocos de coroamento de estacas*

Quando a fundação do pilar é um bloco de coroamento de uma ou duas estacas, faz-se necessário travar o pilar, conforme demonstrado na Fig. 4.1. Isso precisa ser feito porque esse tipo de bloco não possui suficiente estabilidade lateral contra forças horizontais que atuam na estrutura.

4.2 Delimitando poços dos elevadores

Os blocos dos pilares que ficam na área de projeção dos poços dos elevadores precisam ser rebaixados de 1,00 m a 2,00 m em relação aos demais para possibilitar a instalação de para-choques e polias. Em planta, a Fig. 4.2 mostra um conjunto de vigas fazendo a delimitação do poço.

Para que as guias do elevador se mantenham no prumo, é importante que as dimensões internas dos poços sejam as mesmas desde o cintamento até a casa de máquinas.

4.3 Saída da escada

Para manter toda a região da escada e da antecâmara apoiada na estrutura, é muito comum fazer um cintamento como o

4 Cintamento 51

mostrado na Fig. 4.3. Notar que a escada não terá uma fundação apoiada diretamente no terreno, mas sairá da viga V4.

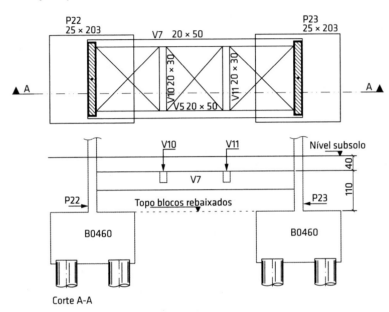

Fig. 4.2 *Conjunto de vigas delimitando o poço do elevador*

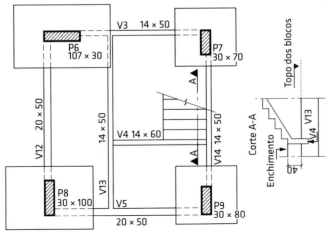

Fig. 4.3 *Cintamento delimitando a saída da escada*

Detalhes de armadura das vigas serão abordados no Cap. 9.

> **MOMENTO DA CHARGE**
>
>
>
> A nova norma de desempenho de edificações (NBR 15575 – ABNT, 2013) foi concebida com o intuito de mudar para melhor os parâmetros de qualidade das construções brasileiras. Os empresários desta charge, preocupados em oferecer um produto de qualidade aos seus clientes, contrataram o engenheiro egípcio especialista em construções duráveis. As pirâmides projetadas por ele há 4.500 anos continuam impecáveis!

ESCADA

POR SE TRATAR de um elemento que faz a interligação de níveis diferentes, é preciso que o detalhamento da escada seja feito por meio de plantas e cortes, tanto no desenho de forma quanto no de armaduras.

Seus elementos principais são: piso, espelho, largura, patamar e altura. Os primeiros são definidos no projeto arquitetônico, enquanto o último, a altura, é definido no projeto estrutural.

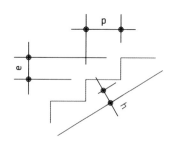

Fig. 5.1 *Elementos de uma escada*

O espelho (*e*) e o piso (*p*) da escada podem ser relacionados pela equação empírica mostrada a seguir, ao passo que o dimensionamento da altura (*h*) é função dos vãos e do carregamento (Fig. 5.1). Já a largura mínima é definida pelos códigos de obras dos municípios.

$$2e + p = 62 \text{ cm a } 64 \text{ cm} \quad (5.1)$$

5.1 FORMA DA ESCADA

Na Fig. 5.2 encontra-se a forma da escada do pavimento tipo de um edifício. É preciso que todos os degraus estejam numerados para que se possa identificar o sentido de subida, que nesse caso é anti-horário. Notar também que os pisos dos degraus e os patamares estão devidamente cotados.

As vigas que delimitam a caixa da escada, V1, V3, V22 e V26, estão todas no plano do pavimento, enquanto a VE está posicionada entre as lajes (ver corte A-A na Fig. 5.3).

5.2 CORTE DA ESCADA

Para facilitar o processo construtivo, é desejável que o valor do espelho seja um número inteiro em vez de quebrado. Por

5 Escada 55

exemplo, é bastante comum que o pé-direito nos pavimentos tipo seja de 288 cm, pois permite uma escada com 16 degraus de 18 cm.

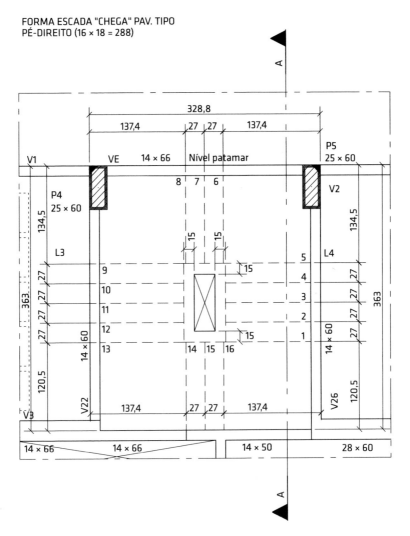

Fig. 5.2 *Forma da escada*

Uma informação importantíssima que precisa ser mostrada no corte é aquela que se refere à altura da laje da escada. No exemplo da Fig. 5.3, seu valor é de 12 cm. Também no corte define-se o nível em que ficará a viga escada. No exemplo em questão, seu topo ficará 144 cm acima da laje.

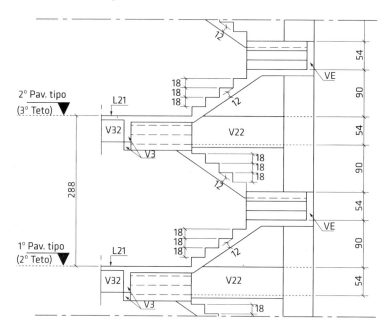

Fig. 5.3 *Corte da escada*

5.3 ARMADURA DA ESCADA

Assim como a forma, a armadura da escada precisa ser detalhada em planta e em corte. O detalhe em planta pode ser visto na Fig. 5.4. No exemplo mostrado neste capítulo, a escada tem quatro lances, sendo dois principais e dois secundários.

Os lances principais, detalhados nos cortes 1-1 e 2-2 (Fig. 5.5), apoiam-se na viga V3 e na VE. Os lances secundários, mostrados nos cortes 3-3 e 4-4 (Fig. 5.6), apoiam-se nos lances principais.

5 Escada 57

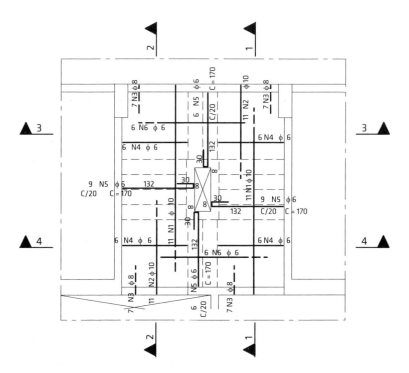

Fig. 5.4 *Armadura da escada*

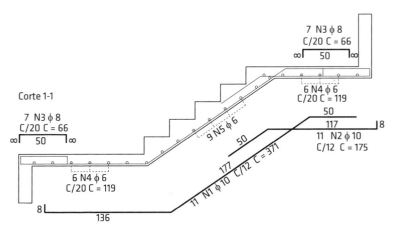

Fig. 5.5 *Armadura dos lances principais de uma escada em corte (1-1)*

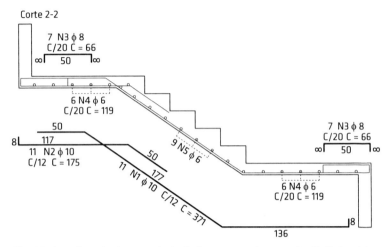

Fig. 5.5 *Armadura dos lances principais de uma escada em corte (2-2) (cont.)*

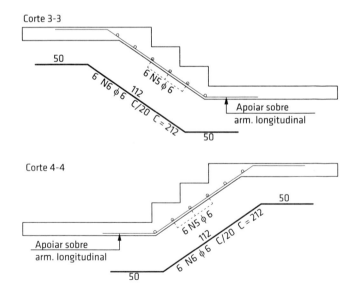

Fig. 5.6 *Armadura dos lances secundários de uma escada em corte (3-3) (4-4)*

Notar a diferença no detalhamento da armadura principal dos lances mostrados nos cortes 1-1 e 2-2 (Fig. 5.5). Para que a resultante R das forças de tração aponte para dentro da laje, é preciso que se separe a armadura em duas barras na chegada ao patamar (ver Fig. 5.7B). Caso contrário, a resultante apontaria para fora e as barras tenderiam a sacar para fora da laje. A Fig. 5.7A mostra uma situação onde não há a necessidade de se fazer isso.

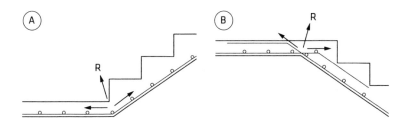

Fig. 5.7 *Detalhes corretos na mudança de direção da laje*

O colega do calculista retratado nesta charge quer saber em que cidade estão localizados seus últimos prédios projetados. Parece que ele não entendeu bem a pergunta e na resposta referiu-se a onde tem armazenado virtualmente os modelos computacionais das estruturas que projetou. A onda agora é *cloud computing* ou computação nas nuvens.

PILARES

Os PILARES são elementos lineares de eixo reto, usualmente dispostos na vertical, em que as forças normais de compressão são preponderantes. Sustentam os pavimentos e conduzem as cargas atuantes na estrutura para as fundações.

O detalhamento de pilares é feito lance por lance, geralmente começando pela saída (da fundação) e terminando no lance que sustenta o último teto. Compõe-se basicamente de desenhos que mostram a seção transversal, em geral apresentada na escala 1:20 ou 1:25, acompanhada da armadura longitudinal, comumente representada na escala 1:50. Um exemplo desse tipo de detalhamento pode ser visto na Fig. 6.1.

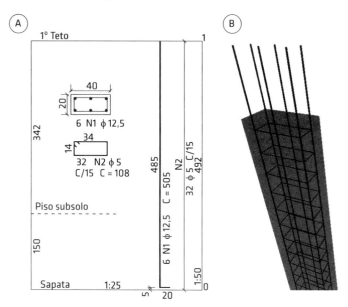

Fig. 6.1 *Lance de pilar: (A) representação em projeto e (B) perspectiva*

6.1 SAÍDA DE PILARES

A armadura de saída de pilares precisa estar devidamente ancorada na fundação. No caso de fundação em sapata, que comumente possui altura pequena quando comparada com a dos blocos de coroamento, mergulha-se a armadura até o fundo do elemento. Também é adicionada uma dobra inferior, que em alguns lugares recebe o nome de patinha (Fig. 6.2). No caso de blocos de coroamento, basta entrar o comprimento necessário para ancorar a barra, algo em torno de 40ϕ. Um detalhe genérico pode ser visto na Fig. 6.3.

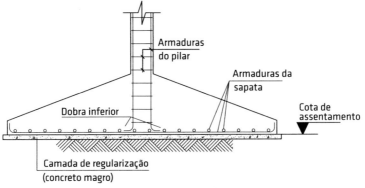

Fig. 6.2 *Armadura de saída de pilares para fundação em sapata*
Fonte: cortesia de E3 Engenharia Estrutural.

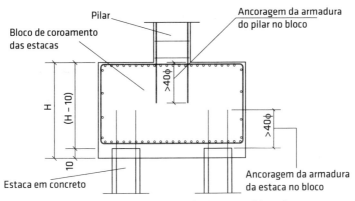

Fig. 6.3 *Armadura de saída de pilares para fundação em bloco de coroamento de estacas*
Fonte: cortesia de E3 Engenharia Estrutural.

6.2 Detalhamento de um lance de pilar

Na Fig. 6.4 pode-se ver o detalhamento do primeiro lance de um pilar, também chamado de saída de pilares. As informações que podem ser extraídas desse desenho são as seguintes:

- Trata-se de um pilar retangular cuja seção transversal é de 120 cm × 25 cm. A altura do lance é de 328 cm.
- Esse lance sustenta o primeiro teto (ou primeira laje do empreendimento), que corresponde ao pavimento denominado subsolo 01.
- A armadura longitudinal será composta de 20 barras de 25 mm dispostas conforme o desenho, ou seja, uma barra em cada canto, sete em cada face de 120 cm e uma em cada face de 25 cm.
- Notar que a representação da armadura longitudinal é feita em dois locais: na seção transversal e também na lateral direita, onde o comprimento da barra é especificado. No exemplo, observa-se que a barra tem 530 cm de comprimento e penetra 100 cm no bloco de coroamento.
- Os estribos são detalhados sacados da seção transversal, de modo que se possa identificar com facilidade seu formato e suas dimensões. No exemplo, têm-se estribos retangulares de 115 cm × 20 cm. Para chegar às suas dimensões, basta subtrair o cobrimento da armadura, que nesse caso é de 2,5 cm. Para determinar o comprimento total, deve-se calcular o perímetro e somar o comprimento da dobra que permite que o ferro seja amarrado com arame recozido. O valor dessa dobra é de aproximadamente 24ϕ. Os cálculos estão demonstrados a seguir.

Dimensões:
$$120 - 2,5 - 2,5 = 115 \text{ cm}$$
$$25 - 2,5 - 2,5 = 20 \text{ cm}$$

Comprimento do estribo:
$$115 + 20 + 115 + 20 + 19 = 289 \text{ cm}$$

- Para calcular a quantidade de estribos no lance, basta dividir a altura do lance do pilar pelo espaçamento do estribo. No exemplo, tem-se o estribo especificado como $\phi 8$ c/20. Desse modo:

$$328/20 = 16 \text{ estribos}$$

- Os estribos abertos, que aparecem na posição N3, são chamados de grampos e utilizados em pilares alongados. Sua quantidade é calculada da mesma maneira que no estribo.

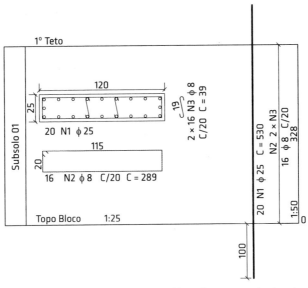

Fig. 6.4 *Saída de pilares para fundação em bloco de coroamento de estacas*

6.3 Dobras e ligação entre lances

Se o edifício é composto de múltiplos andares, é preciso que se deixe uma armadura de espera no andar de baixo para permitir uma emenda com as barras que serão posicionadas no lance superior. O valor dessa espera é em torno de 40ϕ. Já para o caso da dobra inferior da armadura de saída da sapata, esse valor é de 15ϕ. Um exemplo ilustrativo pode ser visto na Fig. 6.5.

6.4 OUTROS FORMATOS

Os pilares de seção transversal retangular são os mais frequentemente utilizados nas estruturas dos edifícios de concreto armado. Contudo, em algumas situações faz-se necessário o uso de outros formatos. Pilares em forma de L ou U são muitas vezes posicionados contornando os poços dos elevadores para formar um núcleo rígido que garantirá a estabilidade global do edifício. Há ainda pilares com seção circular (Fig. 6.6) ou mesmo em T. Esses pilares alongados têm um comportamento diferente demais. Quando a maior dimensão em planta é cinco vezes maior que a menor, diz-se que se trata de um pilar parede. Nas Figs. 6.7 e 6.8 são mostrados exemplos de como podem ser detalhados.

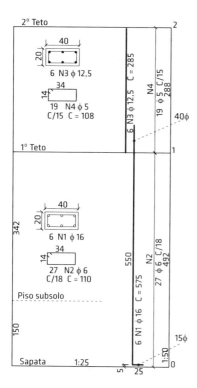

Fig. 6.5 *Dobras e traspasse típicos das armaduras de pilares*

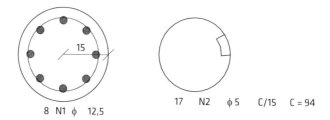

Fig. 6.6 *Pilar com seção circular*

6 Pilares 67

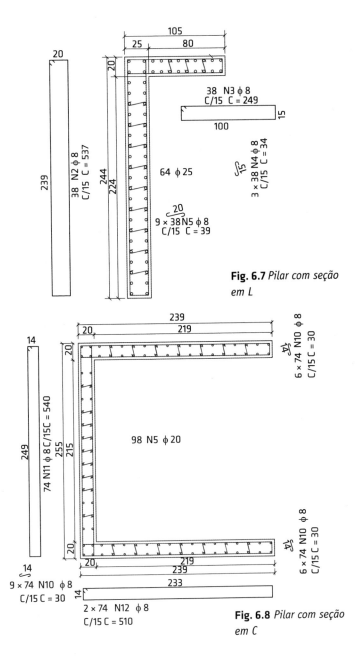

Fig. 6.7 Pilar com seção em L

Fig. 6.8 Pilar com seção em C

Momento da charge

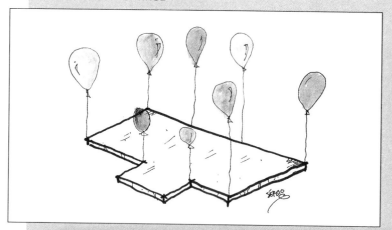

A eterna briga entre engenheiros e arquitetos vem do dilema entre a busca pela forma perfeita idealizada pelo arquiteto e a exequibilidade estrutural racionalizada pelo engenheiro. Vigas e pilares, ao ficarem aparentes, interferem na estética da edificação. Como demonstrado nesta charge, um inteiro pavimento sem vigas e pilares é o sonho de todo arquiteto.

FORMA

PLANTA DE FORMA ou *desenho para execução de forma* é uma representação gráfica da geometria de um pavimento de concreto que pode ou não ser moldado na obra. As plantas de forma orientam a confecção de um molde (*fôrma*), feito de madeira, plástico ou aço, dentro do qual são posicionadas armaduras para que, posteriormente, seja despejado o concreto.

Essas plantas geralmente trazem suas dimensões expressas em centímetros. Uma particularidade importante dessas plantas é que, diferentemente do que ocorre na planta baixa usada na Arquitetura, a visualização dos elementos é invertida. Aquilo que não é visto numa planta arquitetônica e que aparece tracejado nos desenhos dessa planta é mostrado em linhas contínuas na planta de forma. E aquilo que é visto numa planta arquitetônica aparece em linhas tracejadas na planta de forma.

7.1 Simbologia

Um dos principais componentes da planta de forma é a indicação dos elementos estruturais em conjunto com suas dimensões. Para tanto, geralmente se adota a simbologia indicada no Quadro 7.1.

Quadro 7.1 SIMBOLOGIA DA PLANTA DE FORMA

Elemento	Símbolo	Exemplo
Laje	L	L1 h = 10 cf = 1,0
Viga	V	V15 – 14 × 60
Pilar	P	P3 – 25 × 80
Tirante	T	T1 – 20 × 20

em que h é a altura, e cf, a contraflecha.

Essa simbologia é bastante intuitiva, pois o símbolo é a primeira letra do nome do elemento seguida de sua numeração. A seguir será visto como fazer a leitura desses símbolos para cada elemento.

7.2 Lajes

7.2.1 Lajes maciças

Observar a laje L2 na Fig. 7.1. O desenho de forma mostra que se trata de uma laje maciça com 15 cm de espessura e contraflecha de 1,0 cm no meio da laje.

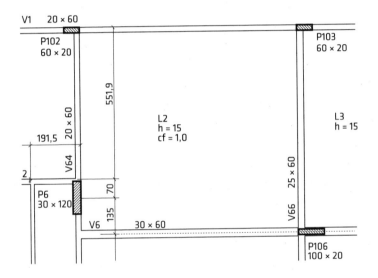

Fig. 7.1 *Forma com laje maciça*

Entende-se por contraflecha uma deformação vertical para cima imposta ao elemento estrutural de modo a prevenir a formação de flechas elevadas quando da atuação do carregamento. Esse recurso é utilizado tanto em lajes quanto em vigas. No desenvolvimento do projeto estrutural, procura-se minimizar essas deformações para que fiquem dentro de valores preconizados em norma. Por exemplo, em lajes e vigas destinadas a receber habitações residenciais e cuja alvenaria de vedação seja feita de tijolos, o valor da flecha não deve ultrapassar 1,0 cm.

7.2.2 Lajes nervuradas

As lajes nervuradas têm sido vastamente empregadas em todo o Brasil. Em Fortaleza (CE), por exemplo, são quase onipresentes independente do porte da obra. O motivo é que essas lajes conseguem vencer grandes vãos com considerável economia de material quando comparadas às lajes maciças. Como resultado, consegue-se uma forma mais "limpa", isto é, com bem menos elementos estruturais.

Ademais, empresas especializadas em produzir os moldes para esse tipo de laje também fornecem sistemas de escoramento que dispensam o assoalho de madeira. Isso confere a essas lajes um viés ambiental, o que constitui um forte apelo, especialmente numa época em que se tem a consciência de que os recursos naturais são limitados e precisam ser utilizados de modo sustentável.

Como desvantagem, pode-se mencionar a utilização de forros de gesso nas habitações e também uma espessura consideravelmente maior que a das lajes maciças.

7.2.3 Alturas equivalentes

Para facilitar a comparação das lajes nervuradas com as lajes maciças, os fabricantes de moldes geralmente apresentam em seus catálogos as alturas equivalentes de consumo e de inércia. A definição dessas alturas é dada a seguir (Fig. 7.2):
- *Altura real* (ht): é a soma da espessura da lâmina (também chamada de capa ou mesa) com a altura do molde.
- *Altura de consumo* (hc): expressa em centímetros, indica a equivalência entre a laje nervurada e a laje maciça em termos de consumo de concreto. Por exemplo, ao dizer que uma laje nervurada com altura real de 26 cm possui altura de consumo de 11,32 cm, indica-se que o seu consumo de material é equivalente ao de uma laje maciça de 11,32 cm.

- *Altura de inércia (hi)*: expressa em centímetros, indica a equivalência entre a laje nervurada e a laje maciça em termos de inércia, que é levada em conta no cálculo da deformação da laje. Por exemplo, ao dizer que uma laje nervurada com altura de consumo de 11,32 cm possui altura de inércia de 17,20 cm, indica-se que ela se deforma de modo equivalente ao de uma laje maciça de 17,20 cm.

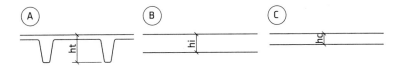

Fig. 7.2 *Alturas da laje nervurada: (A) altura real; (B) altura de inércia; (C) altura de consumo*

A Fig. 7.3 mostra a representação desse tipo de laje numa planta de forma. Notar que os caixotes são desenhados e devidamente cotados para orientar seu posicionamento. No caso de não caber um número inteiro de caixotes, como ocorreu na L527, pode-se utilizar o meio-caixote no bordo, conforme indica a figura.

A laje da Fig. 7.3 foi projetada para ter uma altura real de 26 cm. Via de regra, nessa mesma prancha há um detalhe numa escala maior onde as dimensões do caixote e da espessura da lâmina estão indicadas. O detalhe do molde para a L527 pode ser visto na Fig. 7.4.

7.2.4 Lajes pré-moldadas

Bastante empregadas em residências e outras construções de menor porte, as lajes pré-moldadas são representadas nos projetos estruturais conforme mostrado na Fig. 7.5. Atentar para a seta posicionada ao lado da indicação da laje, que indica o sentido de colocação das vigotas. Essa mesma representação é feita tanto para lajes tipo volterranas quanto para lajes treliçadas. No exemplo apresentado na figura, a altura real da laje é de 12 cm, sendo 8 cm da vigota e do tijolo e 4 cm da lâmina. Ver o detalhe elucidativo mostrado na Fig. 7.6. Em lajes muito carregadas ou de grandes vãos, pode acontecer de a armadura não caber dentro da vigota. Um modo de resolver esse problema é utilizar a nervura dupla, ou até mesmo tripla, como indicado na Fig. 7.7.

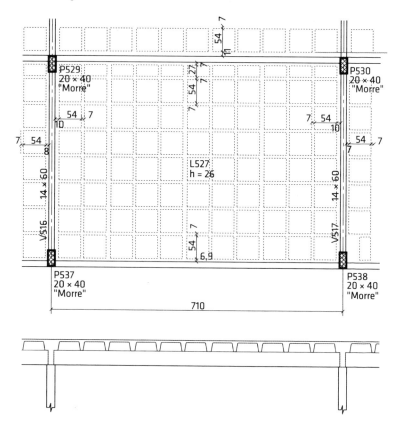

Fig. 7.3 *Forma com laje nervurada*

7 Forma 75

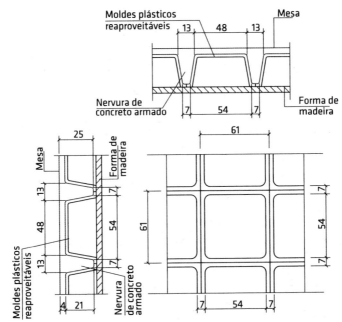

Fig. 7.4 Molde com 61 × 61 × (21 + 5) para a laje nervurada L527
Fonte: cortesia de E3 Engenharia Estrutural.

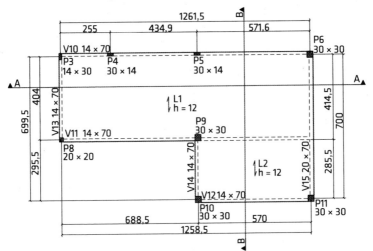

Fig. 7.5 Forma de pavimento com solução em laje pré-moldada

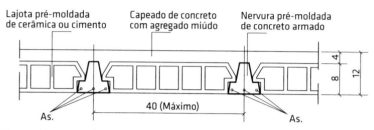

Fig. 7.6 *Montagem da laje pré-moldada tipo volterrana*

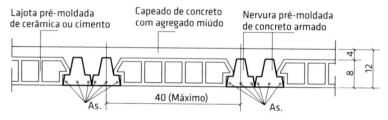

Fig. 7.7 *Montagem da laje pré-moldada com nervura dupla*

Perceber que na Fig. 7.5 a linha de dentro das vigas está tracejada. Conforme explicado no início deste capítulo, essa é a representação para elementos não vistos. Nessa forma, significa que as vigas estão invertidas. Observar o corte A-A na Fig. 7.8.

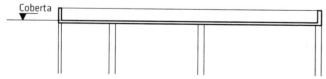

Fig. 7.8 *Corte A-A de lajes pré-moldadas*

7.3 Elementos curvos

Nas situações em que há elementos curvos em planta, torna-se necessário discretizar essas curvas em segmentos cotando-as em

X e em Y, pois na maioria das vezes não é possível executar a forma somente com o fornecimento do raio da curva. No exemplo mostrado na Fig. 7.9, a aba de 12 × 60, juntamente com a laje L23, é curva. Assim, cotaram-se os valores a cada 50 cm em X.

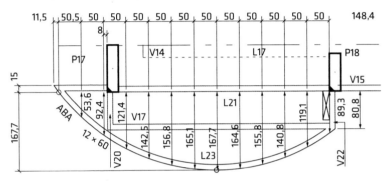

Fig. 7.9 *Forma com elementos curvos*

MOMENTO DA CHARGE

- Querido, O que você achou daquele momento?
- Achei ótimo! Deu para usar uma viga de 12 × 60!

Para o calculista, não tem jeito, a palavra *momento* tem apenas um significado: força vezes distância.

ARMADURA
DE LAJE

Armadura de laje é uma malha constituída de barras de aço convenientemente posicionadas no interior das lajes de concreto armado ou protendido com o objetivo de absorver os esforços de tração que se manifestam quando da aplicação dos carregamentos. Essas armaduras podem ser positivas ou negativas.

As armaduras de lajes positivas são aquelas destinadas a absorver os esforços de momento positivo. Esses momentos são aqueles que tracionam sua parte inferior e comprimem sua parte superior. Por essa razão, essas armaduras ficam posicionadas na parte inferior da laje.

De modo contrário, as armaduras de lajes negativas combatem as trações que aparecem na parte superior, e por isso são posicionadas na parte de cima do elemento. Geralmente essas armaduras são posicionadas no encontro de duas lajes adjacentes.

8.1 Representação gráfica

Já foram discutidas no capítulo passado as representações do desenho de forma. Nele, as partes vistas são representadas com traço médio, e as partes seccionadas, por traço grosso. Para linhas de cota e de chamada, utiliza-se traço fino. Pode-se observar essas características na Fig. 8.1.

No desenho de armadura de lajes, o destaque está na armadura, enquanto a geometria vem em segundo plano. Assim, o desenho dos ferros é feito com linha grossa contínua para as armaduras positivas e com linha grossa tracejada para as armaduras negativas.

A base do desenho de armadura é obtida do desenho de forma, com as seguintes alterações:
- a base é toda desenhada em traço fino;
- eliminam-se todas as cotas;
- eliminam-se os títulos dos pilares e vigas, bem como suas respectivas dimensões;

8   Armadura de laje   81

- eliminam-se as alturas das lajes e contraflechas, permanecendo apenas os títulos das lajes.

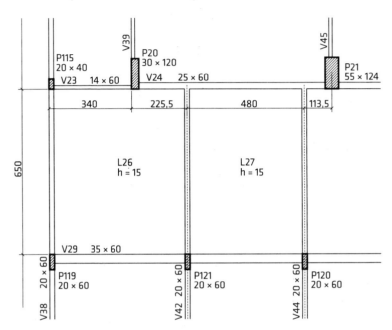

Fig. 8.1 *Forma com laje maciça*

8.2 ARMADURA DE LAJES MACIÇAS

A Fig. 8.2 mostra a armadura positiva das lajes L26 e L27 representadas na Fig. 8.1. Notar que, assim como na armadura das sapatas, apenas um ferro representativo em cada direção é desenhado. Têm-se N1 e N2 para a laje L26 e N3 e N4 para a laje L27.

Na laje L26, tem-se uma malha de ϕ8 mm a cada 13 cm na direção principal e ϕ8 mm a cada 19 cm na direção secundária. A laje L27 possui uma malha de ϕ8 mm a cada 14 cm na direção principal e ϕ6 mm a cada 19 cm na direção secundária.

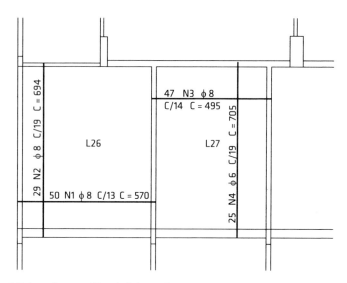

Fig. 8.2 *Armadura positiva de laje maciça*

O cálculo do comprimento das armaduras foi feito deixando um cobrimento de 2,5 cm para cada um dos lados. O comprimento de fora a fora é obtido por meio da forma mostrada na Fig. 8.1. Quando o valor do comprimento não for inteiro, será preciso arredondá-lo para baixo, como foi feito na posição N1:

N1	340 + 225,5 + 10 − 2,5 − 2,5	=	570 cm
N2	650 + 35 + 14 − 2,5 − 2,5	=	694 cm
N3	480 + 10 + 10 − 2,5 − 2,5	=	495 cm
N4	650 + 35 + 25 − 2,5 − 2,5	=	705 cm

Para calcular a quantidade de barras, divide-se o tamanho do vão interno onde a armadura será distribuída pelo espaçamento. Apresenta-se a seguir como a quantidade foi calculada para as quatro posições de ferro. O resultado da divisão, quando não exato, é arredondado para cima.

N1	(650)/13	= 50,00	= 50
N2	(340 + 225,5 − 20 − 10)/19	= 28,18	= 29
N3	(650)/14	= 46,43	= 47
N4	(480 − 10 − 10)/19	= 24,21	= 25

Nas Figs. 8.3 e 8.4 são mostrados exemplos de armadura negativa. Notar que os ferros estão desenhados com linhas tracejadas, indicando que estão na parte superior da laje.

A laje da Fig. 8.3 está isolada e, portanto, não é possível a colocação de armaduras negativas. Uma solução para esse problema é a colocação das chamadas armaduras de canto. Essa armadura combate o momento volvente que aparece nos vértices das lajes. Seu comprimento é da ordem de 25% do tamanho do menor lado da laje.

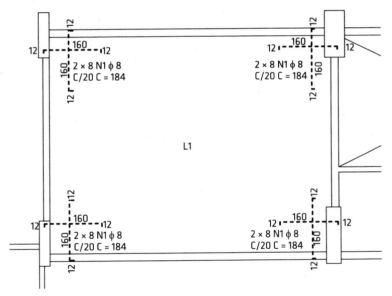

Fig. 8.3 *Armadura de canto de laje maciça*

A Fig. 8.4 mostra como pode ser feito o detalhamento da armadura negativa de um painel de lajes maciças. A posição N3 é a armadura principal, que combate momentos negativos e também momentos volventes. Seu comprimento é da ordem de 25% do comprimento do maior dos menores vãos entre as duas lajes adjacentes. Já as posições N10, N17 e N19 são chamadas de armaduras de distribuição ou secundárias. Seu valor é de no mínimo um quinto da armadura principal.

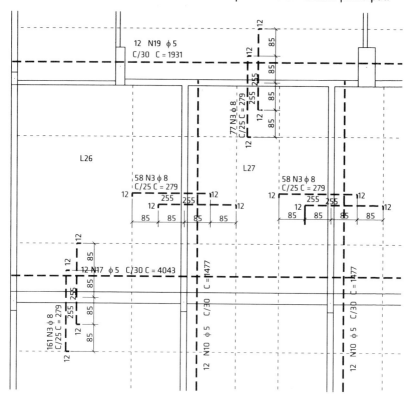

Fig. 8.4 *Armadura negativa de laje maciça*

8.3 ARMADURA DE LAJES NERVURADAS

8.3.1 Armadura das nervuras

A armadura positiva das lajes nervuradas é posicionada na parte inferior das nervuras, enquanto a armadura negativa pode ser posicionada na parte superior delas ou mesmo na mesa (Fig. 8.5).

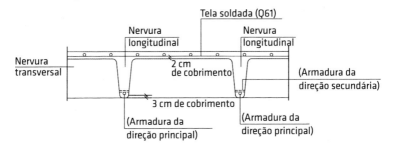

Fig. 8.5 *Posicionamento das armaduras nas lajes nervuradas*
Fonte: cortesia de E3 Engenharia Estrutural.

Diferentemente do que ocorre na laje maciça, na laje nervurada a armadura positiva possui espaçamento fixo, sendo dependente das dimensões do molde. Como exemplo, será analisada a laje L527 mostrada nas Figs. 8.6 e 8.7.

A Fig. 8.6 exibe a forma dessa laje. Pela cotagem dos caixotes, percebe-se que o espaçamento das nervuras é de 61 cm de eixo a eixo, pois se somam 54 cm do vão livre do caixote com 7 cm da parte inferior da nervura. Como o caixote é quadrado, o espaçamento da armadura positiva terá de ser de 61 cm nas duas direções.

Para determinar a quantidade das barras de cada posição de armadura, conta-se o número de nervuras que aparece desenhado na forma. Já com respeito ao comprimento, perceber que, para melhorar a ancoragem, as barras possuem uma dobra de 10 cm de cada lado. Para o exemplo em questão, tem-se:

Posição	Comprimento reto	Dobras	Comprimento total
N12	710 + 7 + 7 − 2,5 − 2,5 = 719	+ 10 + 10 =	739 cm

86 Desconstruindo o projeto estrutural de edifícios

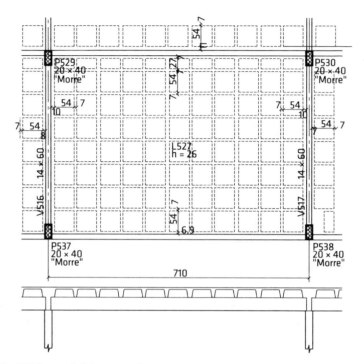

Fig. 8.6 *Forma de laje nervurada*

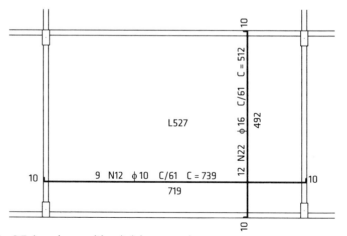

Fig. 8.7 *Armadura positiva de laje nervurada*

8.3.2 Armadura da mesa

Para combater a flexão da mesa, geralmente se utiliza uma tela posicionada na metade de sua altura. No exemplo da Fig. 8.5, a tela utilizada foi a Q61.

MOMENTO DA CHARGE

Ô rapaz, não temos vagas. Se você fosse o Homem de Concreto a gente ainda poderia dar um jeito!

A construção civil é muito sensível às crises econômicas. Como no Brasil predominam as construções de concreto, a situação fica difícil para o Homem de Aço!

ARMADURA DE VIGA

ARMADURA DE VIGA é uma estrutura tridimensional constituída de barras de aço e estribos convenientemente posicionados no interior das vigas de concreto armado ou protendido com o objetivo de absorver os esforços de tração e de cisalhamento que se manifestam quando da aplicação dos carregamentos. Em situação de *armadura dupla*, a armadura de viga também resiste a esforços de compressão.

No interior de uma viga de concreto armado, pode haver basicamente cinco tipos de armadura:
- armadura de flexão positiva;
- armadura de flexão negativa;
- armadura lateral;
- grampos;
- armadura de cisalhamento e torção (estribos).

9.1 ARMADURA LONGITUDINAL

As *armaduras positivas* são barras de aço dispostas longitudinalmente na peça e destinadas a absorver os esforços de momento positivo. Esses momentos são aqueles que tracionam (T) a parte inferior da peça e comprimem (C) a parte superior. Por essa razão, essa armadura fica posicionada na parte inferior da viga. A Fig. 9.1 ilustra como isso acontece numa viga simplesmente apoiada com apenas um vão. Por sua vez, a Fig. 9.2 mostra essa armadura no inteiro conjunto.

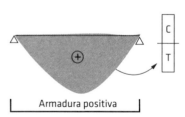

Fig. 9.1 *Diagrama de momento fletor de uma viga simplesmente apoiada*

De modo contrário às armaduras positivas, as *armaduras negativas* combatem as trações (T) que aparecem na parte superior, e por isso são posicionadas na parte de cima do elemento. Podem ser vistas em balanços e também nos apoios intermediários das vigas (ver as Figs. 9.3 a 9.6).

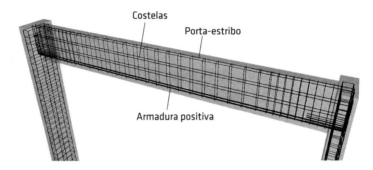

Fig. 9.2 *Perspectiva da armadura de uma viga simplesmente apoiada*

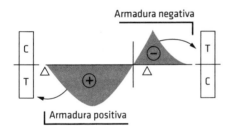

Fig. 9.3 *Diagrama de momento fletor de uma viga com balanço*

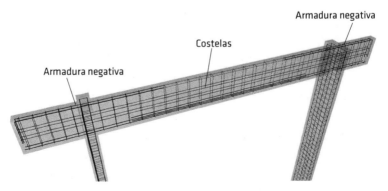

Fig. 9.4 *Perspectiva da armadura de uma viga com dois balanços*

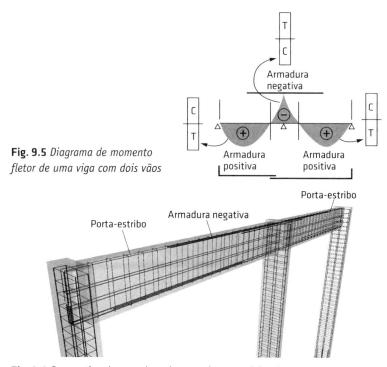

Fig. 9.5 *Diagrama de momento fletor de uma viga com dois vãos*

Fig. 9.6 *Perspectiva da armadura de uma viga com dois vãos*

Nas regiões comprimidas da viga, a armadura longitudinal seria teoricamente dispensável, visto que o concreto é capaz de absorver as tensões. Contudo, para que o inteiro conjunto de armaduras não saia de sua posição durante a concretagem, acrescenta-se uma armadura construtiva chamada de *porta-estribo*. Como o nome diz, sua função é manter o estribo fixo na zona comprimida para que seu espaçamento e verticalidade sejam mantidos. Geralmente seu diâmetro é o mesmo do estribo. Indicações de porta-estribo podem ser vistas nas Figs. 9.2, 9.4 e 9.6.

Tanto a armadura positiva quanto a negativa constituem a armadura longitudinal da viga. Ela pode ser apenas uma barra reta, mas, para melhorar a ancoragem nos apoios, pode vir com dobra simples e também com dobra dupla, conforme mostra a Fig. 9.7.

O terceiro tipo é a *armadura lateral*, também conhecida como *armadura de pele* ou ainda *costela*. Essa armadura tem por função controlar a abertura de fissuras nas regiões tracionadas das vigas. É utilizada em vigas com altura superior ou igual a 60 cm. A Fig. 9.8 apresenta seu posicionamento num corte da viga.

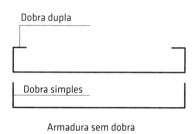

Fig. 9.7 *Tipos de armadura longitudinal*

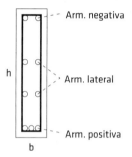

Fig. 9.8 *Posição das armaduras no interior da viga*

Grampos são armaduras horizontais em forma de U que são colocadas nas ligações da viga com seus apoios de modo a auxiliar na ancoragem das armaduras longitudinais, tanto positivas quanto negativas. Sua necessidade aparece quando o apoio da viga é curto e ela trabalha em conjunto com as dobras da armadura longitudinal. Um detalhe desse tipo de armadura é mostrado na Fig. 9.9.

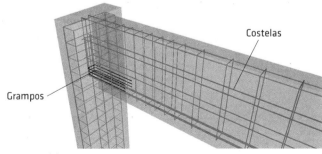

Fig. 9.9 *Grampos positivos*

9.2 Armadura transversal

Os *estribos* possuem uma função dupla. A principal é combater as tensões resultantes da atuação da força cortante. A outra função é manter a armadura longitudinal da viga em seu lugar durante a concretagem.

O estribo é constituído por uma poligonal fechada, embora também haja os chamados estribos abertos. Na Fig. 9.10 é exibido um exemplo de estribo de dois ramos. Em vigas mais largas, pode-se usar estribos de quatro ou seis ramos (Fig. 9.11).

Para determinar o seu tamanho, deve-se subtrair duas vezes o cobrimento da armadura tanto para a base quanto para a altura. O gancho, que permite que o estribo seja amarrado na armadura longitudinal, fica em torno de 30ϕ. Apresenta-se a seguir como esse cálculo pode ser feito para o exemplo da Fig. 9.10:

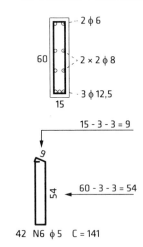

Fig. 9.10 *Estribo de dois ramos*

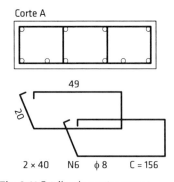

Fig. 9.11 *Estribo de quatro ramos*

Base	15 − 3 − 3	=	9 cm
Altura	60 − 3 − 3	=	54 cm
Gancho para ϕ = 5 mm	30 × 0,50	=	15 cm
Comprimento total	*2(9 + 54) + 15*	=	*141 cm*

9 Armadura de viga 95

9.3 Representação gráfica em projeto

Representa-se a armadura da viga num desenho explodido, ou seja, a armadura negativa é sacada para a parte superior do desenho, e a armadura positiva, para a parte inferior. Costuma-se também representar a armadura lateral na parte inferior. Geralmente, desenha-se a armadura de viga na escala de 1:50.

Já os estribos são representados no lado direito do desenho, numa escala maior, em geral 1:25. Nesse desenho, pode-se detalhar posicionamentos da armadura longitudinal, bem como da armadura lateral. Uma demonstração de como isso pode ser feito é apresentada na Fig. 9.12.

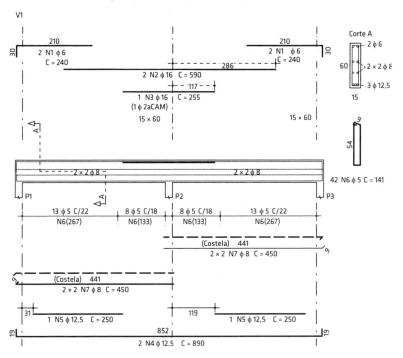

Fig. 9.12 *Detalhamento de uma viga com dois vãos*

Momento da charge

Mais uma vez o conselho zen contra o estresse é este: seja positivo. Tire tudo que é negativo da sua vida e será feliz.

PROTENSÃO

Até pouco tempo atrás, obra protendida era sinônimo de grande estrutura, tal como as encontradas em pontes e viadutos. Contudo, com o advento da cordoalha engraxada, no final da década de 1990, a protensão não aderente tornou-se uma realidade nas estruturas de edifícios residenciais e comerciais por todo o Brasil. O objetivo deste capítulo é descrever como os elementos constantes no projeto desse tipo de estrutura devem ser lidos para que sua execução possa ser feita conforme intencionado pelo projetista.

10.1 Cordoalha engraxada

O aço mais utilizado nas obras protendidas com protensão não aderente é o CP190, mas hoje também se encontra disponível o CP210. Eles não são comercializados na forma de vergalhões, como no caso dos aços para concreto armado. Em vez disso, são disponibilizados na forma de cordoalhas de sete fios engraxadas e plastificadas nos diâmetros $\phi 12{,}7$ mm e $\phi 15{,}2$ mm (Fig. 10.1). A Tab. 10.1 sumariza as propriedades desse material produzido pela ArcelorMittal.

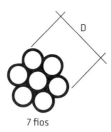

Fig. 10.1 *Cordoalha de sete fios Fonte: ArcelorMittal (2015).*

10.2 Detalhes de projeto

Protender um cabo significa aplicar uma força de tração preestabelecida de modo que na peça possam surgir as tensões e deformações que foram cuidadosamente estudadas pelo projetista para que a estrutura pudesse ter o desempenho esperado. Essa operação é realizada com a utilização de um macaco hidráulico.

Tab. 10.1 ESPECIFICAÇÕES DE CORDOALHAS DE SETE FIOS ENGRAXADAS E PLASTIFICADAS

Produto	Cor	Diâmetro nominal (mm)	Área (mm²)	Massa (kg/m)	Carga de ruptura (tf)
Cordoalha CP190 RB 12,7	Azul	12,7	99,0	0,887	18,7
Cordoalha CP190 RB 15,2	Azul	15,2	140,0	1,221	26,5
Cordoalha CP210 RB 12,7	Laranja	12,7	99,0	0,887	21,0
Cordoalha CP210 RB 15,2	Laranja	15,2	140,0	1,221	28,8

Fonte: ArcelorMittal (2015).

Na protensão não aderente, o cabo fica preso à peça por meio de placas de ancoragem posicionadas nas suas extremidades. A placa que fica na extremidade por onde o cabo é puxado é chamada de placa de *ancoragem ativa*, enquanto a que fica na extremidade oposta é denominada placa de *ancoragem passiva*. Em planta, a representação dessas placas é feita conforme demonstrado na Fig. 10.2.

Fig. 10.2 *Representação do cabo de protensão em planta*

No ato da protensão, é preciso que se tomem alguns cuidados. Por exemplo, é necessário que as ancoragens passivas estejam pré-blocadas, ou seja, que já estejam presas aos cabos, de modo que possam suportar a força de protensão e transmitir essa força para a peça.

Outro cuidado diz respeito às etapas de protensão. A primeira etapa geralmente é executada cinco dias após a concretagem, desde que a resistência do concreto alcance pelo menos 70% do valor do f_{ck} (resistência característica do concreto à compressão). Já a segunda etapa de protensão é feita 28 dias após a concretagem. Isso precisa ficar muito claro no projeto para evitar esquecimentos que levariam a danos irreparáveis na peça. Para isso, pode-se adotar uma legenda como a mostrada na Fig. 10.3. Nela, as ancoragens ativas são desenhadas com linha contínua, e as passivas, com linha tracejada. Para indicar a segunda etapa de protensão, utiliza-se uma sombra ou hachura. As Figs. 10.4 e 10.5 apresentam os detalhes das placas de ancoragem passiva e ativa utilizadas para o cabo de ϕ12,7 mm.

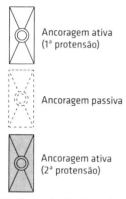

Fig. 10.3 *Legenda de placas de ancoragem em vista*

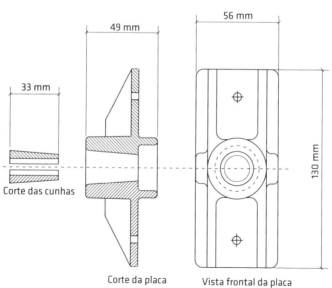

Fig. 10.4 *Placa de ancoragem passiva para cordoalha CP190 RB ϕ12,7 mm (RB = baixa relaxação)*
Fonte: cortesia de E3 Engenharia Estrutural.

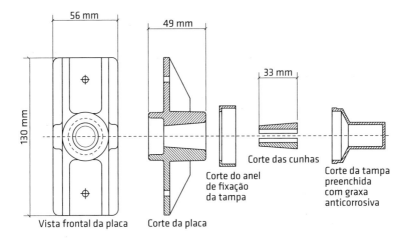

Fig. 10.5 *Placa de ancoragem ativa para cordoalha CP190 RB ϕ12,7 mm*
Fonte: cortesia de E3 Engenharia Estrutural.

10.3 Traçado dos cabos

A principal finalidade da protensão numa estrutura é a diminuição ou a total remoção de deformações causadas pelos carregamentos em elementos flexionados. Na prática, esses elementos são as *lajes* e as *vigas*.

Para que esse efeito seja obtido, o cabo precisa descrever um traçado curvo ou mesmo poligonal. O mais comum é que ele descreva um traçado parabólico, como o exibido na Fig. 10.6. Notar que ele sai do centro de gravidade da seção transversal (A) e depois vai seguindo uma série de parábolas até chegar à extremidade oposta (C). Os pontos notáveis das parábolas (pontos de máximo e de mínimo, bem como pontos de inflexão) estão marcados na figura. Os pontos de inflexão ficam posicionados a uma distância de 10% dos apoios. Já os pontos de mínimo geralmente ficam no meio do vão, mas podem ser encontrados numa faixa que vai de 30% a 70% dos apoios. Os pontos de máximo ficam localizados nos apoios intermediários do elemento.

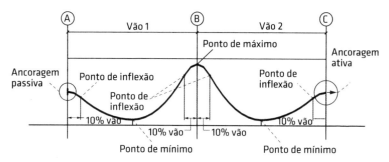

Fig. 10.6 *Traçado típico de um cabo de protensão visto de perfil*

10.4 Protensão de lajes

As lajes denominadas cogumelo apoiam-se diretamente nos pilares, eliminando a necessidade de vigas. A norma brasileira permite que se projete esse tipo de laje, desde que sua altura seja de no mínimo 20 cm. Um dos problemas desse tipo de estrutura é sua flexibilidade, requerendo do engenheiro cuidados para que a estrutura não se deforme excessivamente. A protensão de lajes pode ser usada para resolver esse problema, sendo possível utilizá-la tanto em lajes maciças quanto em nervuradas.

10.4.1 Lajes cogumelo maciças protendidas

Nas lajes maciças com protensão nas duas direções, é comum que o projetista distribua cabos numa direção e concentre-os na outra. Isso é feito para que não haja interferência de cabos em direções ortogonais tentando ocupar a mesma ordenada. Os cabos distribuídos geralmente são agrupados em feixes de duas a quatro cordoalhas (Fig. 10.7).

Na Fig. 10.8 vê-se a representação em planta da protensão de laje numa dada direção. Nela, os cabos estão distribuídos em feixes de três cabos. Os números escritos ao longo do desenho do traçado são as ordenadas dos cabos, ou seja, a distância da forma ao centro de gravidade da cordoalha.

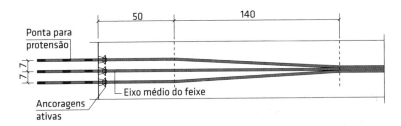

Fig. 10.7 *Feixe de três cordoalhas*

No exemplo mostrado nessa figura, a laje tem altura de 22 cm. Portanto, os cabos saem de uma ordenada de 11,0 cm, que equivale à metade de sua altura e ao local do seu centro de gravidade (Fig. 10.9). No primeiro vão, eles descem até a ordenada de 5,0 cm e voltam a subir para 18,0 cm nas proximidades do pilar central. No segundo vão, que fica à direita do pilar, o cabo desce até uma ordenada de 4,0 cm, voltando a subir e terminando no centro de gravidade da laje, que é 11,0 cm.

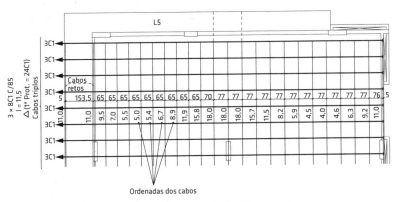

Fig. 10.8 *Protensão de laje maciça – cabos distribuídos em feixes*

Na extremidade ativa dos cabos há informações relativas à sua quantidade, espaçamento, etapa de protensão e alongamento. O Quadro 10.1 apresenta um exemplo retirado da Fig. 10.8.

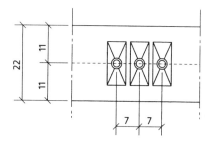

Fig. 10.9 *Protensão de laje maciça – placa de ancoragem com cabos distribuídos em feixes*

Quadro 10.1 INFORMAÇÕES DOS CABOS DE PROTENSÃO

3 × 8 C1 C/85 Δl = 11,5 (1ª Prot. = 24C1) Cabos triplos	3×8 C1 c/85	Indicação da quantidade de cabos C1. Nesse exemplo, são oito feixes de três cabos, totalizando 24 cabos espaçados a cada 85 cm.
	Δl = 11,5	Informações sobre o alongamento do cabo. Nesse exemplo, após a aplicação de uma carga de 15 t, a cordoalha deverá alongar 11,5 cm. Esse valor é comparado com o alongamento medido no local. Qualquer discrepância de valores deve ser comunicada ao engenheiro estrutural.
	1ª Prot. = 24 C1	Nesse exemplo, todos os 24 cabos C1 são puxados na primeira etapa de protensão, que ocorre cerca de cinco dias após a concretagem.

10.4.2 Lajes nervuradas protendidas

Nas lajes nervuradas, os cabos de protensão são posicionados dentro das nervuras, assim seu espaçamento fica limitado à distância entre nervuras. É possível fazer uma série de combinações com os cabos. Por exemplo, pode-se colocar cabos nervura sim, nervura não, o que seria equivalente a meio cabo por nervura. O mais comum é colocar um cabo por nervura, mas, dependendo de sua espessura, é possível acomodar dois cabos.

Na Fig. 10.10 tem-se o exemplo de cabos puxados pela direita. Eles partem do centro de gravidade da laje nervurada, 18,4 cm, descem até 4,0 cm no meio do vão, sobem para a ordenada de 22,0 cm no apoio, que é uma viga-faixa, e terminam na placa de ancoragem ativa posicionada na ordenada de 18,4 cm. Nesse exemplo, perceber a alternância na quantidade de cabos. Em uma nervura tem-se um cabo, na outra, dois cabos, e assim sucessivamente.

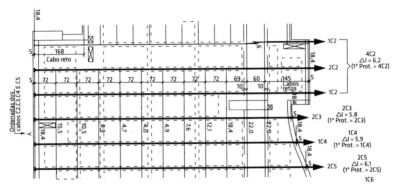

Fig. 10.10 *Protensão de laje nervurada*

10.4.3 Armadura de punção

Nas lajes cogumelo, o entorno dos pilares é uma região de grande concentração de tensões, e uma das tensões que precisa ser analisada com bastante cuidado é a de punção.

Entende-se por punção o fenômeno segundo o qual a laje plana apresenta ruptura localizada por corte em face das cargas concentradas elevadas. Esse tipo de ruptura pode ocorrer principalmente nos encontros entre pilares e lajes.

Para combatê-la, pode-se fazer uso de capitéis, que são engrossamentos da laje, conforme mostrado na Fig. 10.11. Nas lajes cogumelo nervuradas, é comum criar o capitel removendo-se os caixotes no entorno dos pilares, formando assim uma região maciça que seja capaz de absorver as tensões. Essa solução está demonstrada na Fig. 10.12.

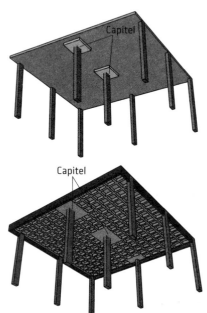

Fig. 10.11 *Laje cogumelo maciça com capitel*

Fig. 10.12 *Laje cogumelo nervurada com capitel*

Em algumas situações, o uso de capitéis é indesejado, especialmente em obras residenciais, onde se pretende ter um teto liso (Fig. 10.13). Para evitar seu uso, pode-se utilizar uma armadura de punção na laje. Essa armadura pode ser detalhada na forma de estribos ou ainda, de modo mais eficiente, com conectores ou *studs*. Exemplos desse detalhamento podem ser vistos nas Figs. 10.14 a 10.16.

10.4.4 Armadura de fretagem

As armaduras de fretagem são aquelas posicionadas na região próxima das ancoragens de modo a impedir que as forças de tração causem o fendilhamento da peça. A Fig. 10.17 demonstra como esse detalhe é feito.

10 Protensão 107

Fig. 10.13 Laje cogumelo maciça sem capitel

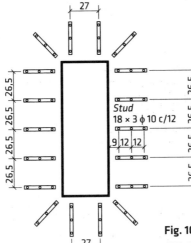

Fig. 10.14 Armadura de punção com studs em planta

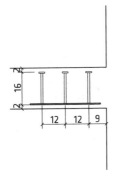
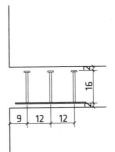

Fig. 10.15 Armadura de punção com studs em corte

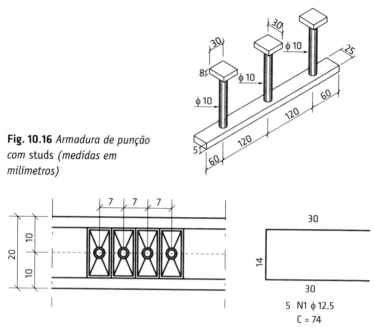

Fig. 10.16 *Armadura de punção com* studs *(medidas em milímetros)*

Fig. 10.17 *Armadura de fretagem*

10.4.5 Lajes nervuradas com vigas-faixas protendidas

Outra opção de solução estrutural com o teto liso é a utilização de vigas-faixas embutidas nas lajes nervuradas (Fig. 10.18). As vigas-faixas são vigas com a base bem maior que sua altura. O ideal é que no máximo a base seja cinco vezes o valor da altura.

Fig. 10.18 *Laje nervurada com viga-faixa*

Viga-faixa

Nesse tipo de estrutura, como a altura da viga-faixa é a mesma da laje, o teto fica liso e, portanto, sem obstáculos para a passagem de tubulações. Também a ausência de vigas no interior da edificação permite flexibilidade no posicionamento das paredes. No exemplo mostrado na Fig. 10.19, V10 é uma viga-faixa. A protensão possibilita que se construam vigas com altura pequena sem que elas apresentem deformação excessiva.

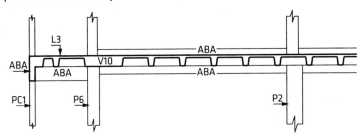

Fig. 10.19 *Estrutura de lajes nervuradas com vigas-faixas*

A representação da protensão em vigas-faixas é semelhante à da protensão em lajes, conforme pode ser visto na Fig. 10.20. As ordenadas são indicadas a cada 10% do vão, no desenho, 84 cm. No caso mostrado nessa figura, têm-se os cabos posicionados em duas camadas. Isso precisa ser feito para que as placas de ancoragem possam caber na seção transversal da viga. Observar também que está descrita a quantidade 32 de cabos e o alongamento de 7 cm após a aplicação da carga de 15,0 tf.

Outro detalhe importante é que os 32 cabos não poderão ser puxados no mesmo dia. Serão necessárias duas etapas de protensão. Na primeira, executada cinco dias após a concretagem, serão puxados 20 cabos. Na segunda, realizada aos 28 dias, serão puxados os cabos restantes.

A representação da armadura passiva da viga-faixa é feita de modo semelhante à de uma viga comum de concreto armado (Fig. 10.21). A diferença é que a quantidade de armadura passiva é bem menor.

Especialmente no tocante aos estribos, a quantidade reduz de modo significativo devido à presença da protensão. Notar que, por serem bastante largas, as vigas-faixas são feitas com estribo duplo.

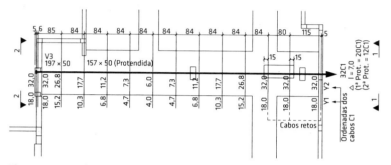

Fig. 10.20 *Armadura de protensão de viga-faixa*

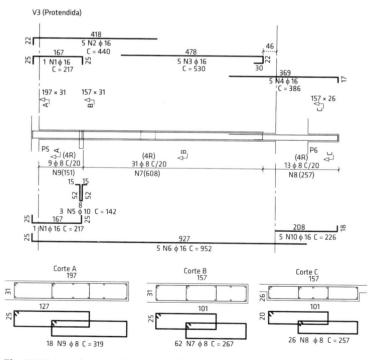

Fig. 10.21 *Armadura passiva de viga-faixa*

10.5 Quantitativos de protensão

Assim como as pranchas de armadura passiva trazem uma *tabela de armadura* contendo as quantidades, bitolas e comprimentos de todas as barras e também um *resumo de armadura* contendo o peso de aço necessário para executar todos os elementos detalhados, o mesmo precisa ser feito para a armadura ativa. Isso é realizado por meio do *resumo de cabos*, que fornece informações para se cortar todos os cabos necessários para executar o pavimento de certa obra.

Há algumas diferenças dessa tabela para aquelas feitas para armadura passiva. A primeira é que, no lugar da letra N usada para nomear as armaduras passivas, utiliza-se a letra C, para nomear os cabos ou cordoalhas. Outra diferença importante é que os comprimentos dos cabos são 60 cm maiores que o necessário. Eles são cortados assim para que se possa acoplar o macaco hidráulico neles e, desse modo, seja possível efetuar a operação de protensão. A Tab. 10.2 mostra um exemplo desse tipo de resumo.

Tab. 10.2 Exemplo de resumo de cabos

Resumo dos cabos				
Cabo	Quantidade	Comprimento unitário (m)	Comprimento total (m)	Peso total (kg)
C1	30	17,91	537,30	477
C2	9	10,79	97,11	87
C3	18	14,45	260,10	231
C4	15	16,40	246,00	219
C5	21	17,19	360,99	321
C6	10	26,07	260,70	232
C7	13	27,01	351,13	312
Peso total (ϕ 12,7 CP190 RB-EP)				1.879

Não se pode esquecer que, além da tabela para o corte de cabos de protensão, também é preciso indicar na prancha a quantidade de placas de ancoragem ativas, passivas e intermediárias necessárias para protender o pavimento.

MOMENTO DA CHARGE

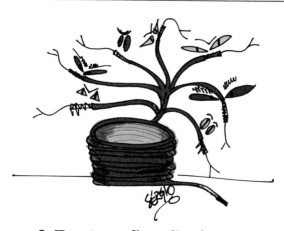

A Protensão não é bicho de 7 cordoalhas!

Há muita gente que resiste ao uso da protensão nas edificações. Entre esses profissionais estão construtores e calculistas. Mas, como demonstrado nesta charge, eles não precisam fazer dela um bicho de sete cabeças.

CAIXA-D'ÁGUA

As CAIXAS-D'ÁGUA dos edifícios, quando feitas de concreto armado, geralmente têm formato prismático e são subdivididas em duas câmaras, o que permite a sua manutenção e limpeza sem interromper o fornecimento de água. Estruturalmente são compostas de lajes de fundo, lajes de tampa, paredes e pilares.

11.1 Laje de fundo

As lajes de fundo são dimensionadas para suportar o peso da coluna d'água. Para cada metro de altura d'água é gerada sobre elas uma pressão de 1 tf/m². Além disso, quando cobrem a casa de máquinas, podem ainda receber carregamentos oriundos dos elevadores. Por isso essas lajes são espessas, tendo altura que varia de 15 cm a 25 cm. O carregamento elevado também força a presença de uma armadura bastante forte quando comparada com aquela presente nas lajes dos pavimentos.

A Fig. 11.1 mostra como se representa a forma de uma laje de fundo. A nomenclatura LF serve para lembrar que se trata de uma laje de fundo. Nesse exemplo, as lajes têm 15 cm de altura e estão apoiadas nas paredes PAR 1 a PAR 5. Notar a presença de mísulas de 15 cm nos cantos da laje. A presença dessas mísulas ajuda os elementos a absorver os esforços solicitantes, diminuindo as aberturas de fissuras, o que conduz a uma maior estanqueidade da estrutura.

A armadura de uma laje de fundo é apresentada na Fig. 11.2. A representação segue a de uma laje maciça de concreto armado. Apenas, nesse caso, foi feita a representação das armaduras positivas e negativas no mesmo desenho, sendo as primeiras em linha grossa cheia, e as segundas, em linha grossa tracejada. As indicações Pos., de positiva, e Neg., de negativa, ajudam a dirimir quaisquer dúvidas sobre o posicionamento dessas armaduras.

No dimensionamento desses elementos, algum grau de engastamento é considerado na ligação entre as lajes de fundo e as paredes.

11 Caixa-d'água 115

Por isso essas armaduras têm uma dobra dupla na armadura negativa. O cálculo dos comprimentos e das quantidades segue o que foi explicado no Cap. 8.

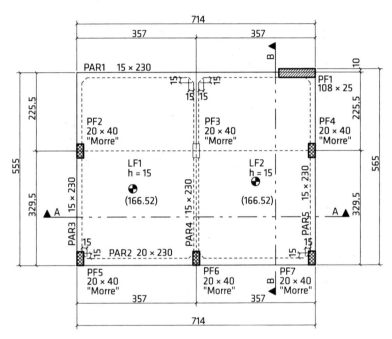

Fig. 11.1 *Forma de uma laje de fundo*

11.2 Laje de tampa

As lajes de tampa recebem um carregamento menor que o das lajes de fundo e por isso têm altura menor e armadura menos densa. Mesmo assim, alguns projetistas mais cautelosos preveem sobre elas a colocação de antenas de aparelhos celulares, de placas solares ou ainda de outros equipamentos ligados a refrigeração ou aquecimento.

Conforme pode ser visto na forma (Fig. 11.3), é preciso deixar uma visita de no mínimo 60 cm × 60 cm para permitir a entrada do pessoal de limpeza e manutenção. Assim como a laje de fundo, a laje de tampa está apoiada nas paredes PAR 1 a PAR 5.

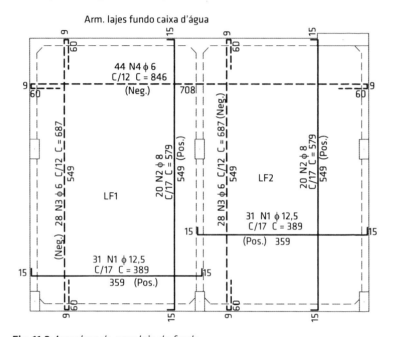

Fig. 11.2 *Armadura de uma laje de fundo*

No dimensionamento da laje de tampa, geralmente não se consideram engastamentos na ligação com as paredes. Por esse motivo não há a presença de armadura negativa. A Fig. 11.4 mostra como isso pode ser feito. Observar que existe uma armadura de reforço na região das visitas. Essa armadura absorve quaisquer concentrações de tensões nos bordos livres, evitando assim o aparecimento de fissuras.

11.3 Armadura de ligação entre as paredes

Conforme descrito anteriormente, é prevista a colocação de mísulas tanto na ligação entre as paredes e o fundo quanto entre as

11 Caixa-d'água 117

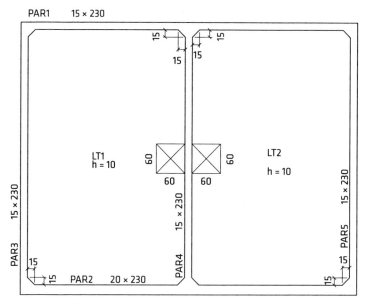

Fig. 11.3 *Forma de uma laje de tampa*

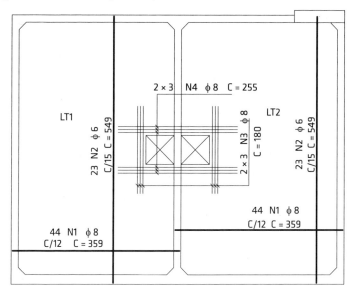

Fig. 11.4 *Armadura de uma laje de tampa*

paredes (Fig. 11.5). A presença de mísulas aumenta a rigidez da ligação, o que contribui para a estanqueidade da caixa-d'água.

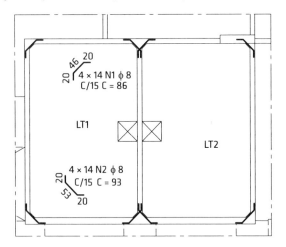

Fig. 11.5 *Armadura de ligação entre as paredes*

11.4 Armadura das paredes

As paredes da caixa-d'água são solicitadas tanto verticalmente quanto horizontalmente. As cargas verticais incluem, além do peso próprio dessas paredes, as reações das lajes de fundo e de tampa. Já as forças horizontais são oriundas do empuxo da água. Assim, as paredes são dimensionadas como vigas para as cargas verticais e como lajes para as cargas horizontais.

Do exemplo mostrado neste capítulo, apresenta-se a PAR 1, ou seja, a parede 1, na Fig. 11.6. Sua representação é feita de modo semelhante àquela realizada para uma viga comum. As armaduras negativas são mostradas na parte superior, e as armaduras positivas e laterais (costelas), na parte inferior. Notar que essas armaduras possuem uma dobra dupla em cada extremidade. Esse detalhe é feito para que a ligação entre as paredes possua algum grau de engastamento, o que previne a abertura de fissuras.

11 Caixa-d'água

Por se tratar de um elemento de grande altura, geralmente se detalham os estribos das paredes abertos em vez de fechados. Isso facilita a montagem na obra. No corte A da Fig. 11.6, pode-se observar dois estribos abertos (N4). Também nesse corte é detalhada a armadura de ligação entre a parede e o fundo (N5).

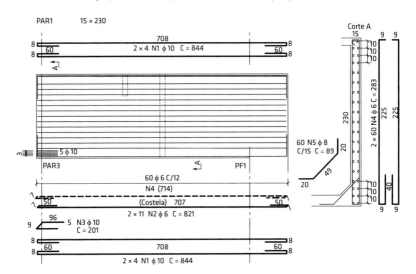

Fig. 11.6 *Armadura de parede de caixa-d'água*

QUANTITATIVOS
E ÍNDICES

12.1 Quantitativos

Além do projeto estrutural, apresentado de forma gráfica, faz-se necessário entregar para o cliente os quantitativos e índices da estrutura projetada. Isso é feito na forma de um relatório geralmente apresentado em formato A4. Esses quantitativos incluem:

- volume de concreto (m³);
- peso de armadura (kg);
- área de forma (m²).

Os quantitativos em geral são separados em *quantitativos da infraestrutura* e *quantitativos da superestrutura*. Os primeiros incluem os números de consumo de material de blocos de coroamento de estacas, sapatas e vigas de cintamento. Já os segundos incluem os consumos dos elementos que sustentam desde a primeira laje até a caixa-d'água. Nessa conta estão inseridos pilares, vigas, lajes e escada.

A Tab. 12.1 constitui um exemplo de como o quantitativo de concreto pode ser apresentado. De modo análogo, pode-se ver o quantitativo de formas na Tab. 12.2. E, por fim, a Tab. 12.3 mostra o quantitativo de armadura.

Tab. 12.1 Exemplo de quantitativo de concreto

	Lajes	Vigas	Pilares	Escada	Subtotal	Área estrutural
	m³	m³	m³	m³	m³	m²
1º teto	179,76	91,32	32,98	2,69	306,75	1.463,00
2º teto	182,23	88,98	33,10	2,60	306,91	1.463,00
3º teto	132,93	50,14	41,21	2,87	227,15	1.017,50
4º teto	131,61	90,25	38,51	3,00	263,37	1.070,48
5º teto	44,97	61,85	32,06	2,81	141,69	532,73
6º teto	44,93	62,60	27,62	2,72	137,87	532,73
7º teto	44,93	62,60	27,62	2,72	137,87	532,73

Tab. 12.1 Exemplo de quantitativo de concreto (cont.)

	Lajes	Vigas	Pilares	Escada	Subtotal	Área estrutural
	m³	m³	m³	m³	m³	m²
8° teto	44,93	62,60	27,62	2,72	137,87	532,73
9° teto	44,93	62,60	27,62	2,72	137,87	532,73
10° teto	44,93	62,60	27,62	2,72	137,87	532,73
11° teto	44,93	62,60	27,62	2,72	137,87	532,73
12° teto	44,93	62,60	27,62	2,72	137,87	532,73
13° teto	44,93	62,60	27,62	2,72	137,87	532,73
14° teto	44,93	62,60	27,62	2,72	137,87	532,73
15° teto	44,93	62,76	27,62	2,72	138,03	533,00
16° teto	44,93	62,76	27,62	2,72	138,03	533,00
17° teto	44,93	62,76	27,62	2,72	138,03	533,00
18° teto	44,93	62,76	27,62	2,72	138,03	533,00
19° teto	44,93	62,76	27,62	2,72	138,03	533,00
20° teto	44,93	62,76	27,62	2,72	138,03	533,00
Coberta	48,90	93,19	35,62	2,72	180,43	554,40
Topo	34,01	21,54	6,48	0,00	62,03	261,00
Subtotal	**1.428,36**	**1.437,23**	**634,26**	**57,49**	**3.557,34**	**14.354,68**

Tab. 12.2 Exemplo de quantitativo de formas

	Lajes	Vigas	Pilares	Escada	Subtotal
	m²	m²	m²	m²	m²
1° teto	1.224,63	667,58	260,50	23,92	2.176,63
2° teto	1.221,83	619,53	261,30	23,48	2.126,14
3° teto	863,40	380,35	348,30	25,57	1.617,62
4° teto	818,20	629,97	328,34	27,22	1.803,73
5° teto	315,83	374,21	246,14	24,89	961,07
6° teto	316,01	377,64	226,61	24,39	944,65
7° teto	316,01	377,64	226,61	24,39	944,65
8° teto	316,01	377,64	226,61	24,39	944,65

Tab. 12.2 EXEMPLO DE QUANTITATIVO DE FORMAS (cont.)

	Lajes	Vigas	Pilares	Escada	Subtotal
	m²	m²	m²	m²	m²
9° teto	316,01	377,64	226,61	24,39	944,65
10° teto	316,01	377,64	226,61	24,39	944,65
11° teto	316,01	377,64	226,61	24,39	944,65
12° teto	316,01	377,64	226,61	24,39	944,65
13° teto	316,01	377,64	226,61	24,39	944,65
14° teto	316,01	377,64	226,61	24,39	944,65
15° teto	315,87	302,52	226,61	24,39	869,39
16° teto	315,87	302,52	226,61	24,39	869,39
17° teto	315,87	302,52	226,61	24,39	869,39
18° teto	315,87	302,52	226,61	24,39	869,39
19° teto	315,87	302,52	226,61	24,39	869,39
20° teto	315,87	302,52	226,61	24,39	869,39
Coberta	321,96	498,57	286,61	24,39	1.131,53
Topo	143,95	231,66	83,00	0,00	458,61
Subtotal	**9.649,11**	**8.615,75**	**5.213,34**	**515,32**	**23.993,52**

Tab. 12.3 EXEMPLO DE QUANTITATIVO DE ARMADURA

Aço	Bitola	Peso (kg)
Tela	Q61	7.278
CA60	5	6.906
CA60	6	17.666
CA50	8	44.376
CA50	10	30.042
CA50	12,5	54.523
CA50	16	53.326
CA50	20	17.374
CA50	25	82.666
	Subtotal	314.157
CP190 RB-EP:	**30.650**	(kg)

Notar que os quantitativos de armadura são apresentados por tipo de aço e por bitola. Com os valores constantes nessa tabela, o construtor poderá comprar a quantidade específica para cada bitola.

12.1.1 Números globais

Os números globais referem-se à quantidade de material necessário para executar a estrutura projetada. Por *material* entende-se o volume de concreto, a área de forma e o peso total de armadura. Pode-se ver um exemplo na Tab. 12.4.

Tab. 12.4 EXEMPLO DE QUANTITATIVO GLOBAL DA ESTRUTURA

Área estrutural total (m²)	15.817,68
Volume total de concreto (m³)	3.950,79
Área total de forma (m²)	24.700,75

12.2 ÍNDICES RELATIVOS

Os índices da estrutura são números dos quantitativos relativizados pela área estrutural ou pelo volume de concreto. Os principais índices são:

$$i_1 = \frac{V}{A_e} \quad\quad i_2 = \frac{P_p}{V} \quad\quad i_{2'} = \frac{P_p}{A_e}$$

$$i_3 = \frac{P_a}{V} \quad\quad i_{3'} = \frac{P_a}{A_e} \quad\quad i_4 = \frac{A}{A_e}$$

em que:

V = volume de concreto (m³);
A_e = área estrutural (m²);
P_p = peso de armadura passiva (kg);
P_a = peso de armadura ativa (kg);
A = área de forma (m²).

Os índices são importantes porque permitem comparar uma estrutura com outra em termos de consumo de materiais. Nesse comparativo, estruturas com índices menores refletem estruturas mais econômicas.

O índice i_1 reflete uma espessura média de um pavimento, ao passo que os índices i_2, $i_{2'}$, i_3 e $i_{3'}$ indicam o quão densamente armados estão os elementos da estrutura. Por fim, o índice i_4 indica o consumo de forma para cada metro quadrado de área estrutural. A Tab. 12.5 apresenta um demonstrativo de índices relativos.

Tab. 12.5 DEMONSTRATIVO DE ÍNDICES RELATIVOS

	i_1	i_2	$i_{2'}$	i_3	$i_{3'}$	i_4
	m³/m²	kg/m³	kg/m²	kg/m³	kg/m²	m²/m²
Infraestrutura	0,269	78,62	21,14	0,00	0,00	0,48
Superestrutura	0,248	88,31	21,89	8,62	2,14	1,67
Globais	0,250	87,35	21,82	7,76	1,94	1,56

MOMENTO DA CHARGE

Que os bons ventos continuem soprando em sua direção!

REFERÊNCIAS BIBLIOGRÁFICAS

ABNT - ASSOCIAÇÃO BRASILEIRA DE NORMAS TÉCNICAS. *NBR 6120*: cargas para o cálculo de estruturas de edificações. Rio de Janeiro, 1980.

ABNT - ASSOCIAÇÃO BRASILEIRA DE NORMAS TÉCNICAS. *NBR 6123*: forças devidas ao vento em edificações. Rio de Janeiro, 1988.

ABNT - ASSOCIAÇÃO BRASILEIRA DE NORMAS TÉCNICAS. *NBR 8681*: ações e segurança nas estruturas – procedimento. Rio de Janeiro, 2003.

ABNT - ASSOCIAÇÃO BRASILEIRA DE NORMAS TÉCNICAS. *NBR 7480*: aço destinado a armaduras para estruturas de concreto armado – especificação. Rio de Janeiro, 2007.

ABNT - ASSOCIAÇÃO BRASILEIRA DE NORMAS TÉCNICAS. *NBR 6122*: projeto e execução de fundações. Rio de Janeiro, 2010.

ABNT - ASSOCIAÇÃO BRASILEIRA DE NORMAS TÉCNICAS. *NBR 15575*: desempenho de edificações habitacionais. Rio de Janeiro, 2013.

ABNT - ASSOCIAÇÃO BRASILEIRA DE NORMAS TÉCNICAS. *NBR 6118*: projeto de estruturas de concreto – procedimento. Rio de Janeiro, 2014.

ALONSO, U. R. *Dimensionamento de fundações profundas*. 2. ed. São Paulo: Edgard Blucher, 2012. ISBN 978-85-212-0661-3.

ARCELORMITTAL. *Fios e cordoalhas para concreto protendido*. mar. 2015. Catálogo técnico.

MORAES, M. C. *Estruturas de fundações*. São Paulo: McGraw-Hill do Brasil, 1976.

OLIVEIRA FILHO, U. M. *Fundações profundas*: estudos. 3. ed. revisada e ampliada. Porto Alegre: D.C. Luzzatto, 1988. ISBN 85-850-3871-3.